LE PETIT

ENTOMOLOGISTE.

LE PETIT
ENTOMOLOGISTE

Collecteur au Nord de Paris.

OU

DESCRIPTION DES INSECTES

QUI SE TROUVENT

DANS UN RAYON DE 120 KILOMÈTRES AU NORD DE PARIS

PAR

M. l'abbé Maillard,

Professeur au petit Séminaire de Saint-Lucien.

—◦◦—

Ire Partie.

COLÉOPTÈRES.

—◦◦—

PARIS.

VICTOR MASSON,

17, PLACE DE L'ÉCOLE-DE-MÉDECINE.

1850.

AUX JEUNES AMATEURS DE L'ENTOMOLOGIE.

MES AMIS,

Voici un petit livre composé uniquement pour vous; l'auteur vous le dédie. Dans la belle saison, vous aimez à recueillir des insectes, et surtout les Coléoptères, vous les rangez ensuite dans des cartons; vous les nommez; vous étudiez leurs mœurs; les espèces du pays vous intéressent plus que toutes les autres; les étrangères sont des raretés, que vous recevez avec reconnaissance; mais vous n'osez prétendre en posséder beaucoup; les petites vous semblent trop difficiles à trouver et à reconnaître.

Tels sont vos goûts : ils sont raisonnables; ce ne sera pas une flatterie perfide que de chercher à les satisfaire. Ce petit livre vous offrira la description des insectes coléoptères qui vivent au nord de Paris; il ne contiendra aucune espèce étrangère ; les petites en seront généralement exclues, les plus rares n'y apparaîtront qu'en petit nombre.

Vous n'avez pas, je pense, la prétention de passer sitôt pour des savans. Vous aspirez encore moins à reculer les bornes de la science ; mais vous désirez simplement puiser aux meilleures sources les premières données de l'Entomologie descriptive.

Ainsi en est-il de votre petit livre. Ce n'est pas une œuvre de génie ; c'est tout simplement un recueil des meilleures descriptions, empruntées aux plus habiles maîtres, et groupées le moins maladroitement possible. Puisse-t-il vous plaire et surtout vous instruire ! Du moins son prix n'aura pas épuisé le petit budget alloué pour utiliser vos loisirs. Puisse-t-il surtout vous garantir du désœuvrement et de l'oisiveté ! En vous aidant à conserver votre aimable innocence, il vous aura procuré un bien mille fois préférable aux lauriers du savoir ; il vous aura donné une parcelle de ce que tous ici-bas recherchent, sans presque le rencontrer jamais, le bonheur de la vertu.

25 mars 1850.

INTRODUCTION.

Je suppose mes jeunes lecteurs initiés aux premières notions des sciences naturelles, soit par la lecture de quelque ouvrage élémentaire, soit par des leçons orales appropriées à leur âge ; je me contenterai donc de rappeler en peu de mots les divisions du règne animal supérieures à celle dont je vais détailler l'histoire.

Tous les animaux sont répartis entre quatre embranchemens : les *Vertébrés*, les *Annelés*, les *Mollusques* et les *Zoophytes*.

Les animaux annelés comprennent les *Articulés* et les *Vers*.

Les Articulés forment quatre classes : les *Insectes*, les *Myriapodes*, les *Arachnides* et les *Crustacés*.

On nomme Insectes tous les animaux annelés articulés, dont le corps présente une tête, un thorax et un abdomen distincts, et qui sont munis de trois paires de pattes. Ce dernier caractère distingue nettement les Insectes des autres Articulés ; ce sont des *Articulés à six pattes.*

La classe des Insectes est très nombreuse ; on l'a divisée en plusieurs ordres, établis sur des caractères tirés des organes de la bouche, des membres et du mode de développement. Les noms de ces ordres indiquent le nombre ou la forme des ailes ; les voici : *Coléoptères, Orthoptères, Névroptères, Hyménoptères, Lépidoptères, Hémiptères, Rhipiptères, Diptères* et *Aptères.*

De ces neuf ordres, le premier seul aura le privilége de fixer notre attention. Les motifs de ce choix exclusif sont bien naturels. Les Coléoptères se rencontrent partout ; on les attrape facilement ; on les saisit sans crainte d'en être blessé ; la solidité de leur corps permet de les manier sans les briser ; de les réunir, de les conserver dans des collections, où leurs couleurs et leurs formes variées charment l'œil exercé à observer les nuances caractéristiques des genres et des espèces.. Ils sont d'ailleurs très nombreux ; on en compte plus de trente mille. Leurs mœurs enfin ne manquent pas d'intérêt, soit en elles-mêmes, soit par rapport à notre bien-être ; les uns nous sont utiles, les autres semblent nous être nuisibles. Il est donc toujours avantageux, quelquefois nécessaire, de les connaître.

Mais avant d'arriver à l'état parfait, à sa forme

dernière, sous laquelle il pourra reproduire son espèce, l'insecte a passé une partie de sa vie, souvent la plus longue, sous une forme moins brillante, et pourtant aussi intéressante pour l'observateur attentif. La connaissance complète d'une espèce supposerait donc l'étude de sa Larve, celle de sa Nymphe, et celle de ses métamorphoses. Mais nous n'avons nullement la prétention de présenter à nos jeunes lecteurs un traité complet sur les Coléoptères. D'ailleurs les matériaux, pour exécuter un pareil plan, nous manqueraient à chaque pas; la science les recueille; elle ne les possède pas encore. Les observations exigent beaucoup de soin, de persévérance; il faut le zèle infatigable de plusieurs générations de savans. Puissions-nous en augmenter le nombre! Nous nous estimerions trop heureux, si l'usage de ce petit livre contribuait, pour si peu que ce fût, à propager le goût des sciences naturelles, à faire connaître davantage le plan harmonieux de la création, c'est-à-dire, Dieu dans ses œuvres!

EXPLICATION

DES SIGNES ET DES ABRÉVIATIONS.

Car.	Caractères.
Esp.	Espèce.
Var.	Variété.
Millim.	Millimètres.
C. C. C.	Très commun.
C. C.	Commun.
C.	Assez commun.
R.	Assez rare.
R. R.	Rare.
R. R. R.	Très rare.

ORDRE

DES

COLÉOPTÈRES.

——▸▸▸▸▷ᐓ◉ᐔ◁◂◂◂——

Car. Tête distincte; deux antennes, yeux à facettes; un labre, deux mandibules, deux mâchoires, une lèvre; quatre ou six palpes. Prothorax libre, portant la paire de pattes antérieures. Mésothorax et métathorax soudés, portant les deux autres paires de pattes, les élytres, et les ailes membraneuses repliées en travers. Abdomen de six ou sept anneaux.

Cet ordre se divise en quatre sections :

1ʳᵉ. Cinq articles à tous les tarses; *Pentamères.*

2. Cinq articles aux quatre tarses antérieurs, et quatre aux tarses postérieurs; *Hétéromères.*

3. Quatre articles à tous les tarses ; *Tétramères.*

4. Trois articles à tous les tarses ; *Trimères.*

1re Section. — PENTAMÈRES.

Car. Cinq articles à tous les tarses. Les Penta-mères se divisent en sept familles.

1re Famille. — CARABIQUES.

Car. Quatre palpes maxillaires, deux labiaux ; antennes filiformes de onze articles, insérées sur les côtés de la tête en avant des yeux ; toutes les pattes uniquement propres à la course ; trochanter des postérieures très développé à la base interne des cuisses.

Les Carabiques forment sept tribus.

1re Tribu. — CICINDÉLÈTES.

Car. Mâchoire terminée par un onglet articulé.

GENRE UNIQUE. — CICINDÈLE. *Cicindela.*

Labre grand, dentelé, mandibules grandes, recourbées en pointe aiguë, dentées à leur bord interne, croisées dans le repos ; yeux gros et saillans ; prothorax plus étroit que la tête et l'abdomen, cylindrique, portant deux sillons en travers, réunis par un autre longitudinal ; les trois premiers articles antérieurs des mâles dilatés, et ciliés plus fortement en dedans qu'en dehors.

1. Cicindèle champêtre. *Campestris.* Long. 15 millim. Dessus vert-pré ; dessous vert bleuâtre ; poitrine rouge cuivreux ; labre et base des mandibules blancs avec l'extrémité et les dents intérieures noires, antennes noires à base cuivrée ; élytres planes, arrondies, granulées, avec six points blancs sur chacune, dont cinq sur le bord extérieur, et un rond près de la suture ; la femelle a un point noir au-dessus de ce rond blanc ; dans les chemins sablonneux et exposés au soleil. C. C. C.

La *Cicindèle champêtre* vole de place en place, court vite, cherche à mordre et sent le musc. La larve se creuse un long trou de 50 centim. de profondeur, se tient à l'entrée qu'elle bouche de sa tête; quand un petit insecte vient à passer, elle le saisit par les pattes, l'entraîne dans le fond de son trou et l'y mange.

2. Cicindèle hybride. *Hybrida.* Long. 15 millim. Dessus vert et rouge cuivreux; dessous vert bleuâtre, poitrine rouge cuivreux; labre blanc, unidenté; mandibules vert cuivré avec du blanc à la base; élytres convexes et granulées, ayant chacune un croissant blanc à l'angle huméral, une lunule blanche à l'extrémité, et une bande blanche sinuée ; suture et pattes rouge cuivreux ; tarses vert bronzé; dans les bois sablonneux. C. C. C.

3. Cicindèle sylvatique. *Sylvatica.* Long. 17 millim. Dessus noir bronzé; dessous bleu verdâtre; poitrine et thorax cuivreux; labre grand; mandibules noir bronzé avec du blanc à la base; élytres convexes, ponctuées, ornées d'une lunule blanche à l'épaule, d'un point blanc près du bord externe, et d'une bande sinuée; dans les bois sablonneux. C. C.

4. Cicindèle allemande. *Germanica.* Long. 10 millim. Tête et prothorax vert brillant; élytres vert mat; dessous bleu verdâtre, brillant et cuivreux; labre blanchâtre, tridenté : mandibules bronzées avec du blanc à la base; élytres allongées, élargies à l'extrémité, portant un point blanc à l'épaule, une lunule vers l'extrémité et une tache oblongue vers le milieu du bord interne; dans les champs, en été; elle court, mais vole peu. C.

2ᵉ Tribu. — TRONCATIPENNES.

Car. Mâchoires terminées en pointe; élytres tronquées au bout.

A. Corps étroit et allongé.

Genre Iᵉʳ. — ODACANTHE mélanure. *Odacantha melanura.*

Long. 7 millim. Corps vert bleuâtre, brillant; antennes beaucoup plus courtes que le corps; testacées à la base ; élytres testacées avec une tache noire bleuâtre commune et plusieurs lignes de petits points; une tache noirâtre terminale sur les cuisses; pattes testacées; sous les joncs et les pierres humides. C.

GENRE II. — DRYPTE émarginée. *Drypta emarginata.*

Long. 9 millim. Devant de la tête, bouche et pattes fauve clair; antennes courtes, fauves avec trois anneaux noirâtres, leur premier article très long; corps et élytres vert bleuâtre, striés-ponctués; une ligne longitudinale profonde sur le prothorax, pénultième article de tous les tarses bilobé. Sous les mousses, les touffes d'herbe et les pierres humides. R. en été. C. en janvier et février.

GENRE III. — POLISTIQUE fasciolé. *Polisticus fasciolatus.*

Long. 9 millim. Corps aplati; tête rétrécie en un cou court; prothorax cordiforme; élytres tronquées et striées; dessous du corps, pattes et une bande longitudinale sur les élytres d'un rouge ferrugineux; le reste du corps brun noirâtre; des poils longs et rares sur la tête et le prothorax, plus serrés sur les élytres; sous les grosses pierres humides. C.

GENRE IV. — CYMINDIS. *Cymindis.*

Corps long et plat; tête ovale, peu rétrécie au cou; prothorax cordiforme.

1. Cymindis humérale. *Humeralis.* Long. 9 millim. Dessous du corps, bouche, pattes, une tache humérale et une bordure sur les élytres rouge ferrugineux; le reste du corps noirâtre; tête et prothorax ponctués; ce dernier rebordé; élytres tronquées et striées; sous les pierres, l'hiver. R.

2. Cymindis miliaire. *Miliaris.* Long. 10 millim. Dessous du corps, tête et prothorax noirâtre brillant; bouche, antennes et pattes rouge ferrugineux; tête et prothorax ponctués; élytres striées, très ponctuées. Sous les pierres et les écorces. — Juin et août. R. R. R.

B. Corps plus large et aplati.

GENRE V. — LÉBIE. *Lebia.*

Corps court et assez large; tête ovale, peu rétrécie en arrière; prothorax court, plus large que la tête, et prolongé en arrière en forme de dent.

1. Lébie tête bleue. *Cyanocephala.* Long. 7 millim. Premier article des antennes, prothorax et pattes ferrugineux ; le reste du corps bleu; tête triangulaire; prothorax carré et rebordé; élytres en carré long; tout le dessus du corps ponctué.— Sous l'écorce des saules en automne. C. C.

2. Lébie chlorocéphale. *Chlorocephala.* Long. 7 millim. Elle diffère de la précédente par les trois premiers articles des antennes, et la poitrine rouge ferrugineux; elle est aussi moins ponctuée: la tête et les élytres sont d'un beau vert brillant. — Sous les pierres et la mousse. Mai. R.

3. Lébie petite croix. *Crux-minor.* Long. 7 millim. Base des antennes, prothorax, pattes et élytres rougeâtres; tête, dessous du corps, la suture des élytres et une large bande transversale en croix, noires. — Sur les graminées, et sous les pierres humides. Avril. R. R.

GENRE VI. — BRACHINE. *Brachinus.*

Prothorax cordiforme, plus étroit à sa base que les élytres, qui sont en carré long , tronquées obliquement à l'extrémité; corps assez épais. Ces insectes vivent en société au printemps et en automne sous les pierres. Lorsqu'on les touche, ils lancent avec explosion par l'anus une fumée brûlante, qui noircit les doigts et épouvante leurs petits ennemis; en les frottant sous le ventre, on leur fait répéter plusieurs fois ces explosions.

1. Brachine pétard. *Crepitans.* Long. 9 millim. Tête, prothorax, écusson, antennes et une tache à la poitrine rouge ferrugineux, dessous du corps, et deux articles des antennes bruns , élytres bleu verdâtre, pubescentes; avec des points et de petites côtes. — Au printemps. C. C.

2. Brachine pistolet. *Sclopeta.* Long. 7 millim. Sa taille moins allongée, la couleur rouge ferrugineux de tout son corps, excepté les élytres, qui sont bleues avec la suture fauve, le distinguent du précédent.— L'hiver, sous les débris de végétaux. C. C. C.

3e Tribu. — SCARITIDES.

Car. Côté interne des jambes antérieures fortement échancré ; tarses non dilatés dans les deux sexes.

GENRE Ier. — CLIVINE des sables. *Clivina arenaria.*

Long. 7 millim. Corps allongé, presque cylindrique ; tête triangulaire, marquée de trois points entre les yeux ; prothorax presque carré, rebordé, globuleux, avec un sillon au milieu ; élytres arrondies aux extrémités, marquées de stries dont la troisième a quatre points enfoncés ; une ligne de points semblables longe le bord extérieur ; jambes antérieures armées de trois fortes épines ; pattes et antennes rouge ferrugineux ; le reste du corps variant du jaune testacé au noir foncé. — Sur le bord des eaux. C. C.

GENRE II. — DITOME fulvipède. *Ditomus Fulvipes.*

Long. 10 millim. Prothorax cordiforme à angles postérieurs saillans, ponctué ; élytres allongées, planes, striées, ponctuées, ainsi que le dessous du corps ; bouche, antennes et pattes ferrugineuses, le reste brun noirâtre, couleur de poix. — Sous les pierres. C.

4e Tribu. — SIMPLICIPÈDES.

Car. Côté interne des jambes antérieures sans échancrure.

GENRE Ier. CYCHRE. *Cychrus.*

Mandibules étroites, dentées ; labre échancré ; prothorax cordiforme ; élytres soudées, carénées latéralement, embrassant une partie de l'abdomen ; tarses en triangle, garnis en dessous de brosses de poils. Insectes grands, à marche lente.

Cychre muselier. *Rostratus.* Long. 15 millim. Antennes ferrugineuses, excepté leurs quatre premiers articles, corps noir plus brillant en dessous ; tête allongée, rugueuse ; prothorax rugueux, rebordé, avec les angles arrondis en arrière et une impression transversale ; élytres convexes, rugueuses, avec trois lignes de points peu apparentes.— Sous les débris végétaux des montagnes exposées au nord, en automne. R. R.

GENRE II.—PROCRUSTE chagriné. *Procrustes coriaceus.*

Long. 35 millim. Mandibules longues, arquées, aiguës, unidentées; menton trilobé; tête lisse; prothorax cordiforme, rebordé, avec les angles postérieurs saillans; élytres rugueuses, avec trois lignes de points enfoncés : pas d'ailes membraneuses; les trois premiers articles des tarses antérieurs dilatés chez le mâle. — En automne dans les vignes. C'est le géant de nos carabiques; il lance par l'anus une liqueur noirâtre, d'une odeur pénétrante, qui cause une douleur cuisante, si elle touche les yeux ou une plaie vive. La plupart des simplicipèdes ont la même faculté. C. C.

GENRE III.—CARABE. *Carabus.*

Labre bilobé; les autres caractères sont ceux du *Procruste.*

1. Carabe enchaîné. *Catenulatus.* Long. 25 millim. Tête grosse et ridée: prothorax cordiforme, rebordé, à angles postérieurs saillans; élytres convexes, avec des lignes élevées, dont les 4e, 8e et 12e à partir de la suture coupées par des points; les intervalles ridés; corps noir dessous, bleu dessus, bordé de violet. —Au printemps. C. C. C.

2. Carabe à collier. *Monilis.* Long. 27 millim. Il diffère du précédent par le prothorax plus court et moins rebordé; les élytres plus étroites, et la tête verte, bronzée, bleue ou noire; trois rangées de points élevés sur les élytres, dont les côtes sont souvent effacées. —Dans les jardins et les champs. C. C.

3. Carabe grillé. *Cancellatus.* Long. 23 millim. Élytres convexes, en ovale assez court, entaillées et rétrécies à l'extrémité, portant chacune trois lignes élevées, dont la première n'atteint pas l'extrémité; entre elles sont des points oblongs; dessous et pattes noirs, dessus bronzé, verdâtre ou cuivreux; premier article des antennes rougeâtre, le reste comme dans les précédens. — Dans les prairies. R.

4. Carabe granulé. *Granulatus.* Long. 20 millim. Prothorax marqué d'une fossette près des angles postérieurs; sur les élytres de petites lignes élevées, peu visibles, séparent les lignes

de points, au nombre de quatre, des trois côtes élevées; dessus bronzé noirâtre obscur; dessous noir brillant; le reste comme dans les précédens. — R.

5. Carabe doré. *Auratus.* Long. 25 millim. Élytres sinuées à l'extrémité, avec trois côtes élevées, à intervalles granulés; bouche, base des antennes et pattes fauves; tarse et dessous du corps noir luisant; dessus vert doré. — C. C. C.

6. Carabe doré-brillant. *Auronitens.* Long. 25 millim. Prothorax rétréci à sa base, convexe, rebordé, à angles postérieurs saillans; élytres allongées, ornées de trois côtes noires étroites et saillantes, ainsi que la suture; intervalles chagrinés; bouche, antennes et pattes ferrugineuses; dessus vert doré très brillant; dessous noir. — Sous la mousse des bois. R.

7. Carabe purpurin. *Purpurascens.* Long. 28 millim. Prothorax carré, rebordé, à angles postérieurs saillans; élytres convexes, couvertes de lignes élevées, crénelées, et portant chacune trois lignes de points enfoncés; dessus bleu foncé, bordé de violet; dessous noir brillant. — Sous la mousse des bois, en automne. C. C.

8. Carabe jardinier. *Hortensis.* Long. 25 millim. Il ressemble au précédent, mais les côtes des élytres ne sont pas crénelées; dessus bronzé brun verdâtre, noir ou bleuâtre, bordé de violet; dessous noir brillant. — Sous la mousse des bois. C.C.

9. Carabe convexe. *Convexus.* Long. 17 millim. Prothorax court et large, à angles postérieurs saillans; élytres convexes couvertes de stries fines, interrompues, avec trois lignes de points enfoncés très petits; dessus noir bleuâtre foncé, bordé de violet; dessous noir brillant. — Dans les prairies. C.

10. Carabe bleu. *Cyaneus.* Long. 30 millim. Corps allongé et déprimé; prothorax carré, rebordé; élytres allongées, rétrécies en avant et en arrière, couvertes de lignes embrouillées de points inégaux, dont trois de points plus petits, plus réguliers; dessus bleu, bordé de violet; dessous noir luisant. — Sous la mousse des bois. R.

Genre IV. — CALOSOME. *Calosoma.*

Caractères des carabes, de plus, mandibules larges à la base, inermes, striées; élytres en carré; ailes membraneuses propres au vol; jambes intermédiaires et postérieures légèrement arquées.

1. Calosome sycophante. *Sycophanta.* Long. 29 millim. Prothorax large, arrondi, rebordé; élytres couvertes de lignes élevées, crénelées, avec trois lignes de points enfoncés; jambes intermédiaires du mâle arquées; tête noire à reflets bleuâtres; dessous et prothorax bleu violet; écusson et pattes noirs; élytres vert doré à reflets cuivreux. Ce bel insecte vole bien et poursuit avec voracité, sur les arbres, les autres insectes, et surtout les chenilles processionnaires, dont sa larve habite les nids. — Dans les bois où il y a des chenilles; frappez l'arbre du pied, l'insecte tombera. C.

2. Calosome inquisiteur. *Inquisitor.* Long. 18 millim. Il ressemble au précédent avec lequel on le trouve. Élytres couvertes de stries ponctuées, à intervalles relevés, crénelés; trois rangées de points ombiliqués; dessus bronzé cuivreux obscur, à bords plus clairs, dessous vert cuivreux brillant; pattes noires. — R.

Genre V. — LEISTE. *Leistus.*

Labre entier, arrondi; prothorax cordiforme; les trois premiers articles des tarses antérieurs des mâles, dilatés en carré; corps aplati.

1. Léiste spinibarbe. *Spinibarbis.* Long. 8 millim. Tête large, lisse; prothorax large, rebordé, à angles postérieurs aigus; élytres allongées, planes, avec un repli transversal à la base et des stries ponctuées à intervalles lisses; dessus bleu brillant; dessous bleu obscur; bouche, antennes, pattes et anus roux. — Sous les pierres et la mousse, où il se cache avec agilité. C. C.

2. Léiste fulvibarbe. *Fulvibarbis.* Long. 7 millim. Il diffère peu du précédent, avec lequel il se trouve. Prothorax plus court, plus convexe, à angles postérieurs plus saillans; stries des élytres plus ponctuées; dessus noir un peu bleuâtre; dessous brun rougeâtre. — R.

3. Léiste spinilabre. *Spinilabris.* Long. 7 millim. Un peu plus

2.

étroit que les précédens, auxquels il ressemble. Élytres allongées, à stries moins ponctuées, à repli transversal moins sensible ; dessus ferrugineux à reflets bleuâtres ; dessous plus clair — Près des mares. C.

GENRE VI. — NÉBRIE à cou court. *Nebria brevicollis.*

Long. 12 millim. Une dent bifide au milieu de l'échancrure du menton ; tête lisse, marquée de deux sillons ; prothorax cordiforme, rugueux sur les bords ; élytres planes, couvertes de stries ponctuées, dont la troisième a quatre points enfoncés ; les trois premiers articles des tarses antérieurs des mâles dilatés en triangle ; corps brun ; bouche, antennes et pattes brun rougeâtre. — Sous les pierres. C. C.

GENRE VII. — OMOPHRON bordé. *Omophron limbatum.*

Long. 7 millim. Front échancré ; tête ponctuée ; prothorax carré ; corps court, bombé ; élytres courtes, ovales, couvertes de stries ponctuées, à intervalles lisses ; premier article des tarses antérieurs dilaté en carré, dans le mâle ; entièrement jaune testacé, avec une tache sur la tête, la suture et trois bandes sinuées sur les élytres d'un vert métallique. — Dans le sable des rivières ; arrosez ce sable, battez-le, l'insecte sortira bientôt après. C.

GENRE VIII. — ELAPHRE. *Elaphrus.*

Tête rétrécie en arrière ; yeux gros ; prothorax convexe, arrondi, de la largeur de la tête : élytres convexes, arrondies à l'extrémité ; les quatre premiers articles des tarses antérieurs dilatés, dans le mâle. Formes des *Cicindèles*, mœurs des *Omophrons.*

1. Elaphre des rivages. *Riparius.* Long. 7 millim. Tête, prothorax et élytres ponctués ; dessus bronzé verdâtre ; quatre rangées de taches peu enfoncées. d'un violet cuivreux dans leur centre, et vert bronzé sur les bords ; base des cuisses et milieu des jambes jaune testacé. — C. C.

2. Elaphre cuivreux. *Cupreus.* Long. 8 millim. Trois lignes sur la tête, qui est ponctuée ; une ligne et deux points sur le prothorax ; sur chaque élytre, deux côtes séparant quatre rangs

de taches rondes ponctuées au centre, lisses sur les bords, d'un bleu violet cuivreux; dessous vert brillant; base des cuisses, jambes et tarses jaune roussâtre. — R.

5ᵉ Tribu. — **PATELLIMANES.**

Car. Les deux ou trois premiers articles des tarses antérieurs dilatés, carrés ou arrondis, garnis en dessous d'une brosse de poils serrés.

GENRE Ier. — PANAGÉE grande-croix. *Panagæus crux-major.*

Long. 8 millim. Tête petite, rétrécie en arrière; yeux gros; prothorax arrondi, à bords tranchans, ponctué et pubescent; élytres striées, ponctuées; tête, prothorax, dessous du corps et pattes noirs; élytres rouge de brique, avec la suture, la base, une bande sinuée élargie dans son milieu, et l'extrémité noires. — En automne, sous les pierres humides. C.

GENRE II. — LORICÈRE pilicorne. *Loricera pilicornis.*

Long. 8 millim. Antennes hérissées de soies raides et assez longues, à premier article très grand; tête arrondie et rétrécie en arrière; yeux saillans; prothorax convexe, lisse, rebordé près des angles postérieurs qui ont une fossette profonde; élytres allongées, ornées de stries ponctuées, à intervalles lisses, dont le troisième marqué de trois gros points enfoncés; dessus vert bronzé; dessous noir; bouche, jambes et tarses ferrugineux. — Sur le bord des fossés. C.

GENRE III.—CHLOENIE. *Chlœnius.*

Tête triangulaire, élytres allongées, un peu convexes, arrondies.

1. Chlœnie velue. *Velutinus.* 16 millim. Prothorax carré, marqué d'une ligne sur le disque, de deux fossettes aux angles postérieurs, et de quelques points épars; élytres striées à intervalles rugueux; tête et prothorax vert brillant, élytres vert obscur et pubescentes; dessous brun noirâtre; antennes, bouche, ferrugineuses; bordure des élytres, pattes jaune testacé. — Sous les pierres près des rivières, au printemps. R.

2. Chlœnie des champs. *Agrorum.* Long. 12 millim. Prothorax carré, ligne du disque, impressions des angles, stries et rides des élytres peu apparentes ; tête verte ; élytres vertes, pubescentes ; dessous brun noirâtre ; bouche, base des antennes, pattes, bords de l'abdomen et des élytres jaune testacé. C. C.

3. Chlœnie vêtue. *Vestitus.* Long. 10 millim. Prothorax élargi, avec la ligne du disque, les impressions et les points bien marqués ; élytres larges et courtes striées, à intervalles ponctués, très pubescentes, ainsi que le prothorax ; tête lisse, vert brillant ; bouche, antennes, pattes, et une bordure dentée à l'extrémité sur les élytres jaune ferrugineux. C. C. C.

4. Chlœnie corne noire. *Melanocornis.* Long. 10 millim. Prothorax carré, ponctué, ridé, pubescent ; élytres sinuées à l'extrémité, striées, à intervalles ponctués, pubescentes ; tête lisse, vert doré ; prothorax vert cuivreux ; élytres vert bleuâtre ; dessous noir bleuâtre ; bouche, antennes noirâtres, à premier article ferrugineux. R.

5. Chlœnie soyeuse. *Holosericeus.* Long. 11 millim. Prothorax carré, arrondi, chagriné, pubescent ; élytres allongées sinuées à l'extrémité, striées, à intervalles chagrinés, pubescentes ; tête noir-violet ; dessous noir brillant ; dessus noir mat. — En février. C.; en été. R. R.

6ᵉ Tribu. — FÉRONIENS.

Car. Les trois premiers articles des tarses antérieurs, dilatés en cœur ou en triangle, poils du dessous ne formant pas de brosses.

GENRE. 1ᵉʳ. — PRYSTONYQUE terricole. *Pristonychus terricola.*

Long. 15 millim. Tête lisse, labre échancré, une dent bifide au menton ; prothorax allongé, avec deux petites impressions aux angles postérieurs, presque lisse ; élytres sinuées à l'extrémité, avec des stries, dont quatre réunies deux à deux ; pas d'ailes ; crochets des tarses dentelés en dessous ; tête, prothorax, dessous noirs ; palpes, antennes, jambes et tarses roussâtres. — Dans les caves. C.

GENRE II. — CALATHE. *Calathus.*

Labre échancré; une dent bifide au menton; prothorax trapézoïde, élytres allongées, arrondies à l'extrémité; corps légèrement arqué; crochets des tarses dentelés en dessous.

1. Calathe cistéloïde. *Cisteloïdes.* Long. 12 millim. Tête grande, ovale, lisse; prothorax carré, lisse, avec une ligne antérieure transversale, une autre en long, la base échancrée, ponctuée aux angles postérieurs; élytres ornées d'un pli transversal à la base, de neuf stries, avec les troisième et cinquième intervalles ponctués; pas d'ailes; dessus noir mat, un peu bleuâtre dans le mâle; dessous noir brillant, bouche, antennes et pattes ferrugineuses.—Sous les pierres. C. C. C.

2. Calathe à pieds fauves. *Fulvipes.* Long. 10 millim. Il diffère du précédent par les lignes du prothorax moins marquées, la suture des élytres moins relevée; quatre stries sur chacune réunies deux à deux; deux points enfoncés entre la deuxième et la troisième; une bordure de points; dessus noir brillant, bleuâtre dans le mâle; dessous rougeâtre; poitrine, prothorax, pattes et antennes ferrugineux. C. C. C.

3. Calathe noirâtre. *Fuscus.* Long. 10 millim. Plus large que le précédent; impressions et stries moins marquées, une couleur moins foncée; les bords du prothorax plus rougeâtres. C. C.

4. Calathe tête noire. *Melanocephalus.* Long. 8 millim. Tête et prothorax lisses; élytres finement striées, avec deux points près de la troisième strie; pas d'ailes; tête noire; prothorax, pattes, bords des élytres ferrugineux; élytres et abdomen bruns. C. C. C.

GENRE III. — ANCHOMÈNE. *Anchomenus.*

Une dent simple au menton; angles postérieurs du prothorax marqués: élytres convexes, allongées, à angle huméral arrondi, distinct.

1. Anchomène vert. *Prasinus.* Long. 8 millim. Prothorax allongé, rétréci en arrière, peu rebordé; neuf stries, et quatre points près de la troisième sur les élytres; tête, prothorax et une tache sur les élytres vert bronzé; dessous noir; bouche,

base des antennes, tour des élytres et pattes ferrugineux. — Dans les lieux humides. C. C. C.

2. Anchomène pieds-pâles. *Pallipes*. Long. 8 millim. Tête lisse, ovale ; prothorax à base sinuée, rugueuse et rétrécie, à angles postérieurs tronqués obliquement ; élytres ornées de neuf stries lisses, et de deux points près de la troisième ; dessus brun ou noir brillant ; dessous brunâtre ; bouche, antennes et pattes jaunes — Dans les lieux humides. C. C. C.

GENRE IV. — AGON. *Agonum.*

Prothorax arrondi ; les angles ont disparu.

1. Agon marginé. *Marginatum.* Long. 10 millim. Tête avancée, triangulaire ; prothorax ridé, rebordé ; élytres larges, sinuées à l'extrémité, ornées de neuf stries ponctuées, et de trois points près de la troisième ; vert bronzé clair en dessus, obscur en dessous ; palpes, antennes, cuisses, jambes, une bordure au prothorax et aux élytres ferrugineux. — Dans les lieux humides. C. C.

2. Agon six points. *Sex punctatum.* Long. 9 millim. Prothorax rebordé, rugueux aux angles postérieurs ; neuf stries ponctuées avec six points enfoncés près de la troisième ; tête, prothorax, écusson vert bronzé brillant ; dessous vert bronzé obscur ; élytres rouge cuivreux bordées de vert bronzé. — Dans les lieux humides. C.

3. Agon peu ponctué. *Parum punctatum.* Long. 8 millim. Prothorax allongé, à angles postérieurs rugueux et rebordés ; neuf stries non ponctuées et trois petits points près de la troisième sur chaque élytre ; tête et prothorax vert bronzé ; élytres et dessous un peu plus obscurs ; premier article des antennes et pattes roussâtres. C. C. C.

4. Agon lugubre. *Lugubre.* Long. 8 millim. Tête lisse, avec deux impressions entre les antennes : tout entier d'un noir brillant. Le reste comme dans le précédent. C. C. C.

GENRE V. — OLISTHOPE arrondi. *Olisthopus rotundatus.*

Long. 8 millim. Tête large, lisse ; prothorax arrondi, rebordé, lisse : neuf stries ponctuées sur les élytres, dont quatre réunies deux à deux, trois points près de la troisième ; dessus bronzé obscur ; dessous noirâtre ; poitrine plus pâle ; antennes et pattes jaunâtres.—Dans les lieux humides. C. C.

Genre VI. — FÉRONIE. *Feronia.*

Une dent bifide au menton ; les trois premiers articles des tarses antérieurs dilatés dans le mâle, moins longs que larges.

A. *Espèces ailées.*

1. Féronie cuivreuse. *Cuprea.* Long. 12 millim. Antennes comprimées ; tête grosse, ponctuée ; prothorax large, rebordé, avec une impression en long et une autre arrondie aux angles postérieurs ; élytres ornées de neuf stries et de trois points près de la seconde ; dessus vert bronzé, bleuâtre, violet, noir, ou rouge cuivreux ; dessous noir bleuâtre ; jambes brunes, premier article des antennes ferrugineux ; courant en plein jour. C. C. C.

2. Féronie mi-partie. *Dimidiata*. Long. 15 millim. Tête ridée ; prothorax rebordé, ridé en travers, avec deux fortes impressions longitudinales près des angles postérieurs ; élytres larges, ornées de neuf stries ponctuées, avec quatre points près de la troisième ; tête et prothorax rouge cuivreux ; élytres vert-pré brillant ; dessous noir verdâtre. C.

3. Féronie noire. *Nigrita*. Long. 11 millim.. Tête lisse ; prothorax lisse arrondi, rebordé à angles postérieurs assez saillans et marqués d'une impression rugueuse ; élytres allongées, convexes, ornées de neuf stries lisses, avec trois points près de la troisième ; un petit point élevé sur le dernier anneau de l'abdomen du mâle ; noir brillant. — Sous les pierres. C. C. C.

B. *Espèces aptères.*

4. Féronie gracieuse. *Lepida*. Long. 13 millim. Tête lisse ; antennes comprimées ; prothorax allongé, rebordé, avec deux fortes impressions rugueuses et quelques points près des angles postérieurs ; élytres ornées de neuf stries ponctuées, avec trois points près de la troisième ; dessus comme la cuivreuse ; dessous noir verdâtre. — Courant sur la terre en plein jour. C. C.

5. Féronie mélanaire. *Melanaria.* Long. 16 millim. Tête ovale, lisse; prothorax élargi, arrondi, rebordé, ridé en travers, à angles postérieurs saillans et portant une impression rugueuse bifide; élytres ovales, allongées, sinuées à l'extrémité, ornées de neuf stries lisses et de deux points près de la seconde; noir brillant; palpes et antennes bruns. — Sous les pierres. C. C. C.

6. Féronie parée. *Concinna.* Long. 16 millim. Tête avancée, lisse; prothorax élargi, arrondi, rebordé, ridé en travers, avec une impression rugueuse aux angles postérieurs; élytres ornées de neuf stries lisses, avec un point près de l'extrémité de la troisième: le mâle porte une impression arrondie, précédée d'une arête transversale, sur le dernier anneau de l'abdomen; noir brillant: palpes et antennes brun obscur. — Sous les pierres, dans les bois. C.

7. Féronie points-longs. *Oblongo punctata.* Long. 11 millim. Tête grosse, lisse; prothorax carré, arrondi, rebordé, ridé en travers, à angles saillans, aigus, ornés d'une impression rugueuse; élytres sinuées, convexes, avec neuf stries ponctuées et cinq gros points près de la troisième; dessus noir, bronzé verdâtre, ou cuivreux; dessous et cuisses noirs; palpes, antennes, jambes et tarses brun roussâtre. — Dans les bois élevés. C.

8. Féronie striole. *Striola.* Long. 20 millim. Tête grande, ovale, ridée; prothorax presque carré, arrondi, rebordé, portant une ligne longitudinale, plusieurs rides en travers; deux profondes impressions vers chaque angle postérieur, qui est aigu; élytres allongées, unidentées à l'angle huméral, ornées de neuf stries à intervalles lisses, dont le septième élevé à sa base et à l'extrémité, et le huitième marqué de gros points; noir plus brillant dessus qu'en dessous. — Dans les bois. C. C.

9. Féronie terricole. *Terricola.* Long. 13 millim. Tête grosse, lisse; prothorax élargi, arrondi, un peu rebordé et rétréci à la base, convexe, lisse, avec une ligne longitudinale et une impression près de chaque angle postérieur; élytres courtes, ovales, convexes, avec neuf stries fines, ponctuées, dessus, noir brillant, ou brun noirâtre; dessous et pattes ferrugineux. — Dans les bois. C. C.

Genre VII. — CÉPHALOTE vulgaire. *Cephalotes vulgaris*.

Long. 22 millim. Labre transversal entier ; menton unidenté ; tête grosse, ponctuée ; prothorax élargi, ridé ; élytres marquées de neuf stries, de petits points disparaissant vers l'extrémité ; noir profond, mat dessus, brillant dessous. — Sous les pierres. C.

Genre VIII. — ZABRE bossu. *Zabrus gibbus*.

Long. 14 millim. Menton unidenté ; tête grosse, presque lisse ; prothorax large, arrondi, rebordé, convexe, ridé, ponctué à la base, avec une impression de chaque côté ; élytres sinuées à l'extrémité, convexes, ornées de neuf stries fines et ponctuées ; corps épais et massif ; dessus noir bronzé, brillant dans le mâle. terne dans la femelle ; dessous brun rougeâtre brillant. — Sous les pierres. C. C.

Genre IX. — AMARE. *Amara*.

Une dent bifide au menton ; corps moins épais que dans le *Zabre*.

A. *Prothorax plus long que large, et la base seule des antennes ferrugineuse*.

1. Amare eurynote. *Eurynota*. Long. 10 millim. Tête grosse, lisse ; prothorax deux fois aussi long que large, rebordé, ridé, une ligne longitudinale, et deux impressions oblongues vers chaque angle postérieur, qui est aigu et recourbé ; élytres sinuées à l'extrémité, avec neuf stries fines, ponctuées ; dessus noir, bronzé obscur, verdâtre ou cuivreux ; dessous noir brillant. — Lieux arides. C.

2. Amare usée. *Obsoleta*. Long. 8 millim. Tête lisse ; prothorax beaucoup plus long que large, arrondi, rebordé, convexe, lisse, avec une ligne longitudinale, une transversale, et deux impressions vagues vers les angles postérieurs ; élytres de la précédente ; dessus bronzé obscur, verdâtre ou noirâtre ; dessous noir. — Lieux arides. C. C. C.

3. Amare triviale. *Trivialis*. Long. 8 millim. Tête grosse, lisse, prothorax d'un tiers plus long que large, convexe, lisse, avec une ligne longitudinale, et une transversale marquées, et une impression vers chaque angle postérieur, qui est aigu ; élytres

allongées, sinuées, avec neuf stries lisses et la suture déprimée à la base, élevée à l'extrémité; couleurs des précédentes; jambes brunes. — Lieux arides. C. C. C.

B. Prothorax plus large que long; antennes entièrement ferrugineuses.

4. Amare consulaire. *Consularis.* Long. 9 millim. Tête médiocre, lisse; prothorax beaucoup plus large que long, arrondi, rebordé. lisse, avec deux impressions triangulaires ponctuées aux angles postérieurs; élytres ornées de neuf stries ponctuées; dessus brun noirâtre ou noir bronzé; dessous, bouche et pattes ferrugineux. C. C.

5. Amare du soleil. *Apricaria.* Long. 8 millim. Tête grosse, lisse; prothorax beaucoup plus large que long, arrondi, rétréci à la base, ridé, avec deux impressions triangulaires ponctuées vers les angles postérieurs, qui sont aigus, l'intervalle entre elles ponctué; élytres avec neuf stries plus largement ponctuées à leur base; dessus brun noirâtre bronzé; dessous rougeâtre obscur. C. C.

6. Amare fauve. *Fulva.* Long. 9 millim. Tête grosse, lisse; prothorax deux fois aussi large que long, rétréci en arrière, ridé, avec deux impressions ponctuées près des angles postérieurs, qui sont aigus; l'intervalle entre elles presque lisse; élytres convexes, ornées de neuf stries ponctuées; jaune ferrugineux. — Elle s'enterre dans le sable. C. C. C.

7. Amare impériale. *Aulica.* Long. 13 millim. Tête grosse, lisse, avec deux impressions entre les yeux: prothorax moins long que large, arrondi, rebordé, rétréci à la base, ridé en avant et à la base: une ligne longitudinale et deux impressions près de chaque angle postérieur; neuf stries ponctuées sur les élytres; dessus brun noirâtre brillant; dessous, antennes, palpes et bords des élytres brun rougeâtre. C.

7ᵉ Tribu. — HARPALIENS.

Car. Les quatre premiers articles des tarses antérieurs, souvent aussi ceux des tarses intermédiaires, dilatés dans le mâle et garnis de brosses en dessous.

GENRE Ier. ACINOPE mégacéphale. *Acinopus megacephalus.*

Long. 16 millim. Tête grosse, carrée, presque lisse; labre bilobé; menton unidenté; prothorax élargi, rétréci en arrière, arrondi, rebordé, convexe, lisse, ridé, avec une ligne longitudinale: élytres allongées, sinuées, convexes, avec neuf stries lisses; noir brillant. — Sur le bord des rivières. R.

GENRE. II. ANISODACTYLE binoté. *Anisodactylus binotatus.*

Long. 11 millim. Tête lisse; prothorax élargi, arrondi, rebordé, rétréci à la base, ridé, ponctué, avec deux impressions larges, rugueuses, et les angles postérieurs aigus; élytres sinuées, convexes, ornées de neuf stries lisses, et d'un point à la base de la troisième; noir luisant, avec les palpes et les deux premiers articles des antennes ferrugineux; deux taches rougeâtres entre les yeux. — Près des eaux. C. C.

GENRE III. HARPALE. *Harpalus.*

Menton unidenté; corps oblong, médiocrement convexe. — Insectes vivant sur la terre, dans les champs.

1. Harpale sabulicole. *Sabulicola.* Long. 14 millim. Corps ponctué, en dessus et en dessous; prothorax élargi, arrondi, rebordé, cordiforme; ayant sa ligne longitudinale peu visible, et ses angles aigus; neuf stries fines et lisses sur les élytres; dessus un peu velu; tête et prothorax noirs; élytres bleu azuré; dessous, bouche et antennes ferrugineux obscur.

2. Harpale corne rousse. *Ruficornis.* Long. 15 millim. Tête grosse, triangulaire, lisse; prothorax élargi, rebordé, arrondi, à angles saillans et aigus, ridé, avec deux impressions à sa base; élytres allongées, sinuées, ornées de neuf stries fines à intervalles ponctués; dessus brun noirâtre peu brillant avec un duvet court plus serré sur les élytres; dessous noir brillant; palpes, antennes et pattes ferrugineux. C. C. C.

3. Harpale bronzé. *OEneus.* Long. 10 millim. Tête grosse, rétrécie en arrière, lisse; prothorax presque carré, à angles émoussés, rugueux à la base, avec la ligne longitudinale et deux im-

pressions bien marquées; élytres courtes, larges, sinuées, comme
dentées à l'extrémité, portant neuf stries lisses, avec un petit
point près de la troisième; dessus vert bronzé, cuivreux, ou noir
brillant: dessous noir ou ferrugineux; palpes, antennes et pattes ferrugineux. — Lieux arides. C. C. C.

4. Harpale distingué. *Distinguendus*. Long. 10 millim. Il diffère
du *bronzé* par les angles du prothorax non émoussés, et par un
second point sur la septième strie de chaque élytre; les cuisses
sont noires, les jambes ferrugineuses, et les tarses roussâtres.
C. C. C.

5. Harpale honnête. *Honestus*. Long. 9 millim. Tête lisse; angles
du prothorax émoussés et noirs; un point près de la troisième
strie des élytres et un à l'extrémité de la septième; le reste
comme dans le *bronzé*; dessous noir bleuâtre; cuisses brunes;
tarses plus clairs. C. C. C.

6. Harpale éperonné. *Calceatus*. Long. 12 millim. Tête médiocre, lisse; prothorax élargi, arrondi, à angles aigus, ridé au milieu, ponctué à la base, impressions larges, ligne longitudinale
peu marquée; élytres sinuées avec neuf stries lisses; noir brillant dessus, brun noirâtre dessous; palpes et base des antennes
ferrugineux. C. C. C.

7. Harpale semi-violacé. *Semiviolaceus*. Long. 12 millim. Tête
grosse, presque ovale; prothorax élargi, rétréci en avant, à angles émoussés, lisse, rugueux à la base, les deux impressions
et la ligne longitudinale peu marquées; élytres larges, ornées
de neuf stries lisses avec des points près de la troisième, la
cinquième et la septième; dessus noir brillant, ou élytres bleu
violet; dessous noir bleuâtre; pattes et antennes ferrugineux.
C. C. C.

8. Harpale lent. *Tardus*. Long. 10 millim. Tête grosse, lisse;
prothorax presque carré, à angles émoussés, lisse, avec deux
impressions rugueuses et la ligne longitudinale marquée; élytres courtes, sinuées, portant neuf stries lisses avec un point
près de la troisième et deux à l'extrémité de la septième; mâle
noir brillant, femelle noir terne; palpes, antennes et tarses ferrugineux. C. C.

9. Harpale mélancolique. *Melancholicus*. Long. 10 millim. Tête

grosse, triangulaire, lisse; prothorax moins long que large, rétréci en avant, à angles de la base aigus, ridé, deux impressions ponctuées et la ligne longitudinale marquée; élytres sinuées, avec neuf stries lisses, un point près de la troisième et
sur la septième, cinq près de la huitième; dessus noir brillant;
dessous brun noirâtre; palpes, antennes et pattes ferrugineux. C.

16. Harpale pieds-dentés. *Serripes.* Long. 10 millim. Tête
grosse, lisse; prothorax plus large que long, rétréci en avant,
à angles arrondis, convexe, lisse, avec deux impressions ponctuées, et la ligne longitudinale marquée; élytres convexes, sinuées, ornées de neuf stries lisses, avec un point près de la
troisième et deux sur la septième; dessus noir, brillant dans la
femelle, terne dans le mâle; dessous brun noirâtre; palpes, antennes et tarses roussâtres. C. C. C.

2ᵉ Famille. — HYDROCANTHARES.

Car. Corps organisé pour nager; tête enfoncée
jusqu'aux yeux dans le prothorax; six palpes, antennes de onze, dix ou sept articles, filiformes ou en
massue, insérées sous un rebord latéral de la tête;
prothorax de la largeur des élytres; pattes antérieures et intermédiaires rapprochées à leur base; les
tarses antérieurs quelquefois dilatés en plaques garnies en dessous de cupelles; les tarses intermédiaires
et postérieurs comprimés en rames. Les hydrocan-
thares marchent mal, volent peu, mais nagent très
bien dans l'eau ou à sa surface; ils vivent de proie;
ils forment deux tribus.

1ʳᵉ Tribu. — DYTISCIDES.

Car. Antennes plus longues que la tête: yeux
entiers; pattes antérieures courtes, rapprochées des

intermédiaires, les postérieures seules comprimées en nageoires ciliées ; élytres recouvrant l'abdomen. Corps ordinairement aplati et ovalaire. Quand on les prend, ils lancent une liqueur infecte par l'anus et une autre blanche par les côtés.

GENRE Iᵉʳ. PELOBE d'Hermann. *Pœlobius Hermanni.*

Long. 11 millim. Antennes de onze articles, le premier plus long ; tête pointillée ; prothorax court, rugueux ; écusson distinct ; élytres ponctuées ; corps épais, convexe surtout dessous ; tarses de cinq articles, les antérieurs dilatés et spongieux en dessous dans le mâle, les postérieurs étroits ; dessus ferrugineux, ou jaune ; tour des yeux et des joues, deux bandes sur le prothorax , et une tache commune sur les élytres, noirs ; dessous rougeâtre, pattes rousses. — Au printemps. C. C. C.

GENRE II. CYBISTER de Rœsnel. *Cybister Rœselii.*

Long. 30 millim. Labre bilobé ; menton trilobé ; antennes de onze articles, le second plus court, tête lisse ; écusson visible ; angles du prothorax aigus ; prosternum terminé en pointe ; élytres élargies au milieu, avec trois lignes ponctuées ; prothorax et élytres de la femelle striées ; palettes du mâle garnies en dessous de quatre rangées de cupules et de poils en brosses ; rames larges ; dessus noir olivâtre ; bouche, antennes, bordure latérale du prothorax et des élytres jaune ferrugineux ; dessous jaune brillant. — Dans les eaux stagnantes. C.

GENRE III. DYTISQUE. *Dytiscus.*

Labre arrondi, échancré ; une dent bifide au menton ; antennes de onze articles, le second plus court ; prosternum pointu ; écusson visible ; les quatre tarses antérieurs dilatés en palettes cupulifères dans le mâle, comprimés et épineux dans la femelle, métasternum bilobé ; corps ovale, aplati.

1. Dytisque bordé. *Marginalis.* Long. 32 millim. Tête lisse ; avec une ligne élevée ; prothorax vaguement ponctué, à angles aigus ; élytres ornées de trois lignes de points dans le mâle, de dix cannelures dans la femelle, avec les intervalles et surtout

l'extrémité finement ponctués dans les deux sexes; dessus noir olivâtre; bouche, un croissant sur le front, antennes, bordure du prothorax et des élytres jaunes; dessous rougeâtre. C. C. C.

2. Dytisque pointillé. *Punctulatus*. Long. 28 millim. Tête lisse, avec deux impressions; une autre sur le prothorax; élytres non élargies au milieu, convexes, ornées de trois lignes de points dans le mâle, et de cannelures jusqu'au delà du milieu dans la femelle; dessus noir olivâtre foncé; bordure latérale du prothorax jaune; dessous noir brunâtre. R.

Genre IV. ACILE sillonné. *Acilus sulcatus*.

Long. 17 millim. Tête, antennes, métasternum et écusson du genre précédent; prosternum moins aigu, élytres larges, courtes, arrondies, seulement granulées dans le mâle; mais la femelle les a creusées de quatre sillons garnis de poils gris, elle a deux impressions semblables sur le prothorax; les deux tarses antérieurs seuls élargis en palettes cupulifères dans le mâle; les autres comprimés dans les deux sexes; dessus noir brun; bordure jaune de la tête en triangle; la bordure du prothorax et une bande transversale semblables, ainsi que les bords et la suture des élytres; dessous noir, taché et rayé de jaune. C. C. C.

Genre V. HYDATIQUE. *Hydaticus*.

Antennes, écusson, métasternum des précédens; prosternum arrondi; les quatre tarses antérieurs du mâle dilatés en palettes cupulifères, tous les tarses de la femelle comprimés.

1. Hydatique transversal. *Transversalis*. Long. 14 millim. Tête lisse; prothorax marqué d'une ligne longitudinale et d'une transversale; élytres allongées, ornées de trois lignes de points peu visibles; tête et prothorax roux, tachés de noir; élytres noires avec une bordure jaune doublée à leur base; dessous rougeâtre obscur. C. C.

2. Hydatique de Hybner. *Hybneri*. Long. 14 millim. Il diffère du précédent par une tache noire plus étendue sur le prothorax; point de doublure jaune à la base des élytres; le prothorax de la femelle finement vermiculé. C.

3. Hydatique cendré. *Cinereus*. Long. 14 millim. Palettes des tarses intermédiaires garnies d'une seule rangée de cupules, au

lieu de deux; tête jaune avec la base, deux lignes latérales et un chevron noirs; prothorax jaune avec deux lignes inégales noires; élytres brunes, bordées et ponctuées de jaune. C. C. C.

GENRE VI. — CYMATOPTÈRE brun. *Cymatopterus fuscus.*

Long. 18 millim. Antennes, prosternum, écusson et métasternum des précédens; trois articles seulement cupulifères aux quatre tarses antérieurs du mâle; tête et prothorax lisses, celui-ci marqué en avant d'une impression ponctuée; des stries transversales ondulées sur les élytres; dessus brun obscur; bou_che, antennes, une raie entre les yeux, bordure latérale du prothorax et des élytres rougeâtres; dessous noir. — C. C. C.

GENRE VII. — COLYMBÊTE. *Colymbetes.*

Antennes, écusson et métasternum des précédens; prosternum aigu; cupules des quatre tarses antérieurs du mâle portées sur de longs pétioles; les mêmes tarses comprimés dans la femelle.

1. Colymbête fenestré. *Fenestratus.* Long. 11 millim. Corps ovale, oblong, convexe; dessus bronzé obscur; deux points sur le front : une bordure de poils, une ligne et une tache irrégulière sur chaque élytre ferrugineux : abdomen semblable. — C. C.

2. Colymbête fuligineux. *Fuliginosus.* Long. 11 millim. Deux rangées de points sur le prothorax, trois sur chaque élytre; dessus bronzé obscur, devant de la tête, une ligne transversale, antennes, bordure du prothorax et des élytres jaunâtres; dessous rougeâtre. — C. C. C.

3. Colymbête bipustulé, *Bipustulatus.* Long. 11 millim. Dessus finement strié; une ligne de points et une impression rugueuse sur le prothorax; noir brillant dessus; bouche, une ligne interrompue sur le front, antennes ferrugineuses; dessous et pattes postérieures noirs, les autres pattes rougeâtres. — C. C. C.

2ᵉ Tribu. — GYRINIDES.

Car. Antennes de sept articles, plus courtes que la tête; yeux divisés, de sorte qu'on en compte quatre ; élytres ne couvrant pas tout l'abdomen ; corps épais, très convexe. Ils font suinter de leur corps, quand on les prend, une liqueur infecte et laiteuse.

GYRIN nageur. *Gyrinus natator.*

Long. 7 millim. Deux points enfoncés sur la tête ; une ligne ponctuée, un point enfoncé et deux impressions rugueuses sur le prothorax ; dix lignes de points réunies deux à deux sur les élytres ; noir bleuâtre bronzé brillant ; bouche, mésosternum, anus et pattes ferrugineux. La rapidité avec laquelle il nage en tournoyant sur l'eau, l'a fait surnommer *Tourniquet.* — C. C. C.

3ᵉ Famille. — BRACHÉLYTRES.

Car. Corps allongé, souvent pubescent ; tête grande, aplatie ; quatre palpes, mandibules avancées ; antennes de onze articles, ordinairement moniliformes, le plus souvent en massue allongée ; prothorax presque carré ; élytres courtes, tronquées, ne recouvrant pas la moitié de l'abdomen, mais cachant les ailes repliées dessous ; l'abdomen de sept segmens peut se redresser et laisser sortir deux vésicules qui répandent une odeur très forte. Ces insectes très-voraces habitent les fumiers, les cadavres et les fleurs. La plupart sont très petits, ou rares ; nous décrirons seulement quelques espèces réunies en deux genres.

STAPHYLINIDES.

Car. Antennes insérées au milieu du rebord du front ; labre bilobé ; mandibules grandes, dentées en dedans, croisées ; prothorax grand ; jambes épineuses ; tarsés antérieurs souvent dilatés.

3.

Genre Ier. — EMUS. *Emus.*

Les cinq ou six derniers articles des antennes dilatés, plus
courts que les précédens, le dernier tronqué obliquement et
échancré; les quatre premiers articles des tarses antérieurs
dilatés en une palette garnie d'une brosse dans les deux sexes;
tête large, cou court.

1. Emus maxillaire. *Maxillosus.* Long. 17 millim. Tête grande,
plane, ponctuée en arrière; yeux allongés; antennes plus courtes que la tête; prothorax large, ponctué en avant; écusson
grand, triangulaire, aigu; élytres ponctuées, coupées obliquement et traversées par une bande sinuée de poils gris couchés;
abdomen ponctué et garni de faisceaux de poils gris en dessus, avec une bande des mêmes poils dessous; pattes noires,
épineuses; tête et prothorax noir luisant; élytres et dessous
noirs. —Sur les cadavres et les fumiers. C. C.

2. Emus bourdon. *Hirtus.* Long. 22 millim. Tête et prothorax larges, pointillés, couverts de poils jaunes; écusson grand,
triangulaire, velouté noir: élytres ponctuées, garnies de poils
noirs en avant et cendrés en arrière; abdomen ponctué, orné
de poils noirs à sa base et de poils dorés sur les derniers anneaux; dessous bleu brillant: mandibules, palpes noirs, ainsi
que les antennes qui sont plus longues que la tête; pattes
épineuses et noires. — R.

3. Emus gris-de-souris. *Murinus.* Long. 12 millim. Antennes
plus longues que la tête; celle-ci striée, ponctuée, pubescente;
prothorax rugueux, avec des taches pubescentes; écusson orné
de poils roux et de deux taches veloutées noires; élytres et
abdomen couverts de poils gris, noirs et jaunes; tête, palpes,
mandibules et dessous noir bleuâtre; antennes ferrugineuses.
— Sur les fumiers. C. C. C.

4. Emus pubescent. *Pubescens.* Long. 16 millim. Tête ponctuée, avec des faisceaux de poils jaunâtres; antennes plus longues que la tête, ferrugineuses à la base; prothorax ponctué,
avec des poils noirs et jaunes; deux taches veloutées noires,
entourées de duvet jaune, sur l'écusson; poils des élytres
comme ceux du prothorax, rougeâtres aux épaules; abdomen
couvert d'un duvet gris, avec un faisceau jaune au milieu de

chaque anneau et un noir au bord ; dessous gris ; cuisses jaunes à l'extrémité. — Sur les fumiers. R.

5. Emus à élytres rouges. *Erythropterus*. Long. 20 millim. Tête large, ponctuée, avec une ligne lisse, pubescente ; antennes plus longues que la tête, ferrugineuses à la base ; prothorax ponctué. bordé en arrière de poils dorés ; écusson velouté noir ; élytres rouges, rugueuses et ciliées ; abdomen ponctué, avec le premier anneau et les bords des autres ornés de poils dorés. ainsi que la poitrine ; dessous brun ; pattes rousses, épineuses. — Sur les fumiers. C. C.

6. Emus stercoraire. *Stercorarius*. Long. 10 millim. Tête ponctuée, pubescente ; antennes, élytres et écusson du précédent ; prothorax ponctué, avec une ligne lisse, pubescent ; une tache pubescente gris argenté sur le bord de chaque anneau de l'abdomen ; pattes rousses ; tête et prothorax noir bronzé. — C.C.C.

7. Emus odorant. *Olens*. Long. 27 millim. Tête carrée, rugueuse, avec une ligne lisse ; antennes des précédens ; prothorax carré, granuleux ; élytres coupées obliquement ; abdomen strié ; jambes intermédiaires épineuses ; noir velouté sur tout le corps. — C. C. C.

8. Emus bleu. *Cyaneus*. Long. 16 millim. Tête large, ponctuée, avec une ligne élevée ; prothorax allongé, ponctué, avec une ligne lisse ; écusson noir velouté ; élytres coupées obliquement, ponctuées, pubescentes, avec quatre gros points alignés ; abdomen strié, pubescent ; les quatre dernières pattes épineuses ; dessus bleu ; bouche, antennes, pattes et abdomen noirs. — En automne, dans la campagne. C. C. C.

9. Emus triste. *Tristis*. Long. 11 millim. Tête oblongue, marquée de gros points ; prothorax assez large, ponctué, ainsi que l'écusson ; élytres et abdomen finement ponctués et pubescens ; dessus noir luisant ; abdomen noir bronzé. palpes et antennes fauves ; pattes brunes. — C. C.

10. Emus floral. *Floralis*. Long. 11 millim. Tête ovale, avec un demi-cercle de points ; prothorax ponctué, écusson lisse : élytres ponctuées et pubescentes ; abdomen rugueux et pubescent. noir brillant ; élytres rouge ferrugineux ; palpes. antennes et pattes brunâtres. — C. C.

Genre II. — STAPHYLIN. *Staphylinus.*

Les trois premiers articles des antennes allongés, les sept suivans arrondis, le dernier tronqué obliquement et échancré; les quatre premiers articles des tarses antérieurs élargis dans le mâle en palettes garnies en dessous de poils qui ne forment pas de brosses.

1. Staphylin éclatant. *Splendens.* Long. 13 millim. Tête presque carrée; mandibules grandes; élytres et abdomen pubescens; tout le dessus ponctué, noir; tête et prothorax bronzé brillant. — C.

2. Staphylin laminé. *Laminatus.* Long. 10 millim. Tête et prothorax ponctués aux angles; écusson, élytres et abdomen finement ponctués; noir sur l'écusson et l'abdomen; tête et prothorax vert obscur; élytres vert clair et brillant; antennes et pattes brunes. — C.

4ᵉ Famille. — STERNOXES.

Car. Tête enfoncée jusqu'aux yeux dans le prothorax; quatre palpes courts; mandibules courtes; antennes de onze articles, dentées en scie ou en peigne; prothorax recevant souvent les antennes repliées dans des rainures latérales, à angles postérieurs souvent aigus; prosternum prolongé en une pointe logée dans une rainure du mésosternum; écusson visible; élytres recouvrant l'abdomen; cuisses pouvant se loger dans une rainure des hanches; corps solide. Les *Sternoxes* vivent de végétaux vivans ou morts, ils volent par les temps chauds; ils contrefont le mort et se laissent tomber dès qu'on les touche. La plupart sont rares ou très petits; nous décrirons seulement quelques espèces de deux tribus.

1re Tribu. — BUPESTIDES.

Car. Tête coupée verticalement, sortant peu du prothorax ; yeux allongés et grands ; antennes ne se logeant pas dans les rainures du prothorax, dentées en scie ; prosternum prolongé en une pointe reçue dans une échancrure du mésosternum ; écusson visible ; pattes contractiles ; corps en forme de coin. Ces insectes ne sautent point ; ils se trouvent sur les végétaux et dans les chantiers ; les belles couleurs des espèces méridionales les ont fait surnommer *Richards;* ils sont si petits, ou si rares, que nous n'en décrirons que trois espèces appartenant à deux genres.

Genre Ier. — ANTHAXIE rubis. *Anthaxia manca.*

Long. 9 millim. Tête ponctuée, rugueuse ; yeux allongés ; prothorax rugueux, à angles antérieurs saillans ; écusson triangulaire ; élytres sinuées vers le milieu, rugueuses, portant une impression transversale à la base ; tête vert bronzé ; yeux marrons ; prothorax brun violet, avec une bordure et une ligne dorées ; élytres bronzé violet ; dessous rouge cuivreux brillant ; des poils abondans, surtout aux pattes. — Sur les ormes, au printemps. C. C. C.

Genre II. — AGRILE vert. *Agrilus viridis.*

Long. 9 millim. Tête plane, sillonnée ; antennes courtes ; yeux écartés ; prothorax large, trilobé à la base, convexe, strié et marqué de quatre impressions et d'un demi-cercle aux angles postérieurs ; écusson pointu, traversé par un sillon ; élytres allongées, sinuées sur les côtés, ornées de stries et d'une impression à la base ; bronzé verdâtre ou bleuâtre, avec de petites écailles blanches sous le corps. — Sur le chêne. C. C.

2. Agrile bleu. *Cyaneus.* Long. 8 millim. Semblable au précédent ; un peu moins rugueux : écusson moins aigu ; bleu. — Sur le chêne. C. C.

2º Tribu. — **ÉLATÉRIDES.**

Car. Tête ordinairement avancée ; yeux arrondis ; antennes souvent logées dans les rainures latérales du prosternum, et dentées soit en scie soit en peigne ; prothorax souvent allongé, à angles postérieurs aigus, à base échancrée et anguleuse ; pointe du prosternum pouvant s'enfoncer dans une fossette du mésosternum, ce qui permet à l'insecte de sauter, pour se retourner, quand il est sur le dos ; pour cela il se courbe en arc et frappe du dos sur la terre ; il finit par retomber sur ses pattes, dont la brièveté l'oblige à cet exercice gymnastique ; pattes contractiles ; corps allongé. Les élatérides se trouvent sur les végétaux.

GENRE Iᵉʳ. — CRATONYQUE à pieds fauves. *Cratonychus fulvipes.*

Long. 14 millim. Tête ponctuée, déprimée au milieu, enfoncée dans le prothorax jusqu'aux yeux ; ceux-ci gros ; antennes de la moitié du corps ; prothorax allongé, convexe, rebordé, ponctué, surtout sur les bords ; écusson oblong, ponctué ; élytres allongées, striées, pointillées, avec deux impressions à la base ; noir brillant, couvert de poils grisâtres ; antennes, dessous et pattes brun rougeâtre — Il reste caché le jour sous l'écorce, le soir on le trouve sur le chêne. C. C.

GENRE II. — AGRYPNE nébuleux. *Agripnus murinus.*

Long. 15 millim. Tête enfoncée dans le prothorax au delà des yeux ; déprimée, ponctuée ; antennes n'égalant pas le prothorax et se logeant dans ses rainures, celui-ci carré, ponctué, marqué de trois fortes impressions ; écusson large ; élytres ovales, convexes, ornées de neuf stries ponctuées ; dessus noir ; dessous brun rougâtre ; antennes ferrugineuses. Tout le corps est couvert de poils gris écailleux, qui tombent en partie et forment des taches irrégulières. — Sur les graminées. C. C. C.

GENRE III. — ATHOUS. *Athous.*

Tête enfoncée dans le prothorax jusqu'aux yeux ; ceux-ci gros ; antennes longues ; carêne frontale élevée ; prothorax sans rainures latérales.

1. Athous hérissé. *Hirtus.* Long. 14 millim. Tête ponctuée, déprimée ; antennes en scie ; prothorax convexe, pointillé, à angles postérieurs saillans ; écusson ovale, convexe, lisse ; élytres allongées, ornées dé neuf stries ponctuées ; noir brillant, hérissé de poils ; pattes brunâtres, pubescentes. — Sur l'ortie et autres plantes. C. C. C.

2. Athous long cou. *Longicollis.* Long. 10 millim. Tête ponctuée, déprimée ; antennes longues ; prothorax ponctué, sillonné au milieu, avec les quatre angles saillans ; écusson ponctué ; élytres ornées de neuf stries ponctuées comme leurs intervalles ; brun obscur ; écusson noir ; élytres jaune paille ; antennes et bords du prothorax ferrugineux ; pattes brun rougeâtre. — Dans les prés. C. C. C.

3. Athous hœmorrhoïdal. *Hœmorrhoïdalis.* Long. 14 millim. Tête ponctuée ; prothorax long et ponctué ; élytres allongées, ornées de neuf sillons ; ponctuées ; brun obscur ; élytres, antennes, pattes, bords de l'abdomen rougeâtres ; dessus velu. — Sur les feuilles des bois. C. C. C.

4. Athous à bandes. *Vittatus.* Long. 9 millim. Tête et prothorax ponctués ; celui-ci allongé, convexe, à angles postérieurs aigus ; élytres dilatées vers leur milieu, striées, ponctuées, tête, prothorax, écusson, bordure latérale des élytres et des taches sur les côtés de l'abdomen noirâtres ; dessous, pattes, bordure de la tête et du prothorax ferrugineux ; élytres jaunâtres. — Dans les bois. en juin. C. C.

5. Athous cylindrique. *Cylindricus.* Long. 11 millim. Tête ponctuée ; antennes plus longues que le prothorax, qui est ponctué, convexe, à angles postérieurs aigus ; élytres convexes, ornées de neuf stries et pointillées ; bronzé brillant, pubescent ; pattes brunes. — Avril. C. C.

6. Athous à pieds noirs. *Nigripes.* Long. 11 millim. Deux impressions sur le front, un sillon sur le prothorax ; bronzé obscur ; pattes noirâtres ; tout entier couvert d'un duvet assez serré ; pour le reste, semblable au précédent. — Sur le saule, au printemps. C. C.

GENRE IV. — TAUPIN. *Elater.*

Caractères du genre précédent, dont celui-ci diffère en ce que les hanches postérieures sont fortement dilatées à leur côté interne.

1. Taupin de la Prêle. *Equiseti.* Long. 10 millim. Deux impressions en chevron sur la tête ; antennes égalant la moitié du corps ; prothorax carré, convexe, à angles postérieurs aigus ; écusson cordiforme et lisse ; neuf stries ponctuées sur les élytres ; noir brun ; pattes rousses ; un duvet verdâtre sur tout le corps. — Sur l'herbe. C. C. C.

2. Taupin sanguin. *Sanguineus.* Long. 14 millim. Tête ponctuée ; antennes longues et en scie ; prothorax ponctué, à angles postérieurs longs et obtus ; écusson allongé, ponctué ; élytres allongées, sinuées, pointillées, avec neuf stries ponctuées ; noir ; élytres rouges ; tout le corps velu. — Dans les arbres creux. C.

Variété A. Une tache noire à la base des élytres.

Variété B. Dessous du corps et pattes brun rougeâtre.

Variété C. Rouge des élytres pâle ; une tache noirâtre à leur extrémité.

GENRE V. — LUDIUS. *Ludius.*

Caractères du genre précédent ; tête non carénée.

1. Ludius ferrugineux. *Ferrugineus.* Long. 20 millim. Tête très ponctuée ; antennes plus courtes que le prothorax, fortement dentées en scie ; prothorax carré, rebordé, ponctué, convexe, marqué d'un sillon, avec les angles postérieurs saillans, pubescent ; écusson oblong, ponctué ; élytres convexes, rétrécies au bout, avec neuf stries et des points peu marqués, pubescentes ; une forte dent au côté interne des hanches postérieures ; tête, base et angles du prothorax, écusson et dessous

noirs ; antennes et pattes brunes ; prothorax et élytres ferrugineux sanguin.—Sur les saules et autres arbres. R. R.

2. Ludius marqueté. *Tessellatus.* Long. 15 millim. Tête ponctuée ; antennes dentées en scie ; prothorax convexe, ponctué, sillonné en arrière, à angles postérieurs aigus ; écusson carré ; élytres convexes, élargies au milieu, avec neuf stries ponctuées ; corps tout couvert de poils, qui forment des bandes en travers des élytres ; bronzé brillant. — Sur la prêle, en avril et mai.— C. C.

3. Ludius porte-croix. *Cruciatus.* Long. 15 millim. Tête ponctuée ; antennes longues ; prothorax convexe, marqué d'un sillon longitudinal et de points, à angles postérieurs saillans et obtus ; écusson oblong ; élytres allongées, striées et rugueuses ; tête, antennes, prothorax, une croix sur les élytres, leurs bords latéraux et le dessous noirs ; devant et côtés de la tête, une bande sur le prothorax, le fond des élytres et les flancs ferrugineux ou jaunâtres. — Sur le noisetier. R. R.

4. Ludius soyeux. *Holosericeus.* Long. 11 millim. Tête et prothorax ponctués ; antennes assez longues ; écusson arrondi ; élytres striées ; noir, couvert d'un duvet soyeux verdâtre, formant deux bandes obliques sur les élytres ; pattes rougeâtres. —Dans les bois. C. C.

5. Ludius germanique. *Germanus.* Long. 14 millim. Tête fortement ponctuée, avec une impression sur le front ; antennes assez longues ; prothorax ponctué, avec un sillon, et les angles postérieurs allongés et aigus ; écusson arrondi ; élytres larges, courtes, convexes, élargies au bout, pointillées, avec neuf stries ponctuées ; dessus bronzé cuivreux obscur ; dessous bronzé violet ; pubescent. — Sur les graminées, vers le soir. C. C. C.

GENRE VI. — AGRIOTE. *Agriotes.*

Tête inclinée, non carénée ; corps allongé, et proportionnellement étroit.

1. Agriote velu. *Pilosus.* Long. 13 millim. Tête ponctuée ; antennes longues ; prothorax très long, convexe, ponctué, sillonné ; écusson oblong ; élytres allongées, cylindriques, rétré-

cies au bout, pointillées, avec neuf stries ponctuées; noirâtre, tout couvert d'un duvet gris. C. C. C.

2. Agriote très noir. *Aterrimus.* Long. 14 millim. Tête penchée. ponctuée ; antennes longues ; prothorax très long. ponctué, à angles postérieurs obtus ; écusson oblong ; élytres allongées, convexes, rétrécies au bout, striées et pointillées : noir mat, pubescent; pattes brunes.—Sur les chênes, au printemps. C.

5e Famille. — MALACODERMES.

Car. Tête engagée jusqu'aux yeux dans le prothorax ; quatre palpes ; antennes dentées en scie ou en peigne, plus longues que la tête et le prothorax réunis; écusson visible ; corps mou ainsi que ses tégumens. La plupart des malacodermes vivent sur les végétaux ; les espèces communes et de taille moyenne, ou au-dessus, ne sont pas nombreuses, nous les réunissons en six genres.

GENRE 1er. — LYCUS sanguin. *Lycus sanguineus.*

Long. 9 millim. Tête avancée; antennes comprimées n'égalant pas la moitié du corps; prothorax presque carré, raboteux, aplati; écusson rond; élytres élargies vers le bout, striées. et pubescentes ; tête, écusson, dessous, pattes et une tache sur le milieu du prothorax noirs ; élytres et prothorax rouge sanguin. — Sur les fleurs. C. C.

GENRE II. — LAMPYRE. *Lampyris.*

Yeux saillans; antennes comprimées, approchées à leur base; prothorax aplati, corps déprimé; les femelles de plusieurs n'ont pas d'ailes et seulement des élytres très courtes; les trois derniers anneaux de l'abdomen blanchâtres: c'est cette partie du corps qui brille la nuit et a valu à l'animal le nom de *ver luisant.* — Ces insectes replient leurs membres dès qu'on les touche et font le mort.

1. Lampyre noctiluque. *Noctiluca*. Long. 10 millim. Mâle brun, allongé, prothorax cendré.—Commun aux pieds des génevriers.

2. Lampyre luisant. *Splendidula*. Long. 12 millim. Mâle; corps oblong, déprimé; yeux grands; prothorax à bords antérieurs transparens; élytres chagrinées, marquées de deux ou trois lignes élevées; yeux, milieu du prothorax et élytres noirs; tête, bords du prothorax, poitrine et pattes fauves; antennes et abdomen bruns avec les derniers anneaux plus foncés. — Dans les trous d'arbres pendant le jour. R.

Femelle; plus grande, sans ailes; corps brun, abdomen jaunâtre; les trois derniers anneaux jaunes. Elle brille au soir l'été dans les baies; c'est elle qui est connue sous le nom de *ver luisant*. C. C. C.

GENRE III. — TÉLÉPHORE. *Telephorus*.

Tête aplatie, inclinée pendant le repos; yeux petits et saillans; antennes environ de la longueur du corps, écartées à leur base; prothorax large, aplati, rebordé, arrondi; écusson petit.

1. Téléphore ardoisé. *Fuscus*. Long. 15 millim. Tête, milieu du prothorax noirs; antennes, élytres, dessous et pattes noirâtres; bords du prothorax, base des antennes, côtés et extrémités de l'abdomen, et une tache sur les cuisses intermédiaires fauves. —Sur les fleurs, au printemps. C. C. C.

2. Téléphore livide. *Lividus*. Long. 12 millim. Une impression longitudinale sur le prothorax; antennes et dessous noirâtres; yeux et genoux postérieurs noirs; base des antennes, dessus du corps, côtés et extrémité de l'abdomen et pattes fauves, ou testacés. C. C. C.

3. Téléphore queue noire. *Melanurus*. Long. 10 millim. Antennes, yeux, bout des élytres et tarses noirs; premier article des antennes et le reste du corps fauves. C. C. C.

4. Téléphore obscur. *Obscurus*. Long. 9 millim. Derrière de la tête, milieu du prothorax, élytres, poitrine et tarses noirs ou noirâtres; le reste du corps fauve. C. C. C.

GENRE IV. — DASYTE bleu. *Dasytes cœruleus*.

Long. 8 à 9. millim. Antennes égalant le prothorax, écartées à la base; corps étroit, allongé, velu; tarses bordés d'un appendice membraneux; bleu ou verdâtre; antennes et pattes noires.—Sur les fleurs, et sur les épis des graminées. C. C. C.

GENRE V. — MALACHIE bronzée. *Malachius œneus.*

Long. 9. millim. Tête assez large; yeux saillans; antennes égalant la moitié du corps; prothorax aplati, rebordé; écusson rond; quatre vésicules molles, rouges, deux de chaque côté du prothorax, que l'animal fait sortir dès qu'on le touche; on en ignore l'usage; mais elles ont valu à l'animal son nom, qu'il mérite aussi par la mollesse de son corps. Antennes noires; leur base et la bouche jaunes; élytres rouges; leur base, la suture et le reste du corps vert bronzé, pubescent sur le prothorax. — Sur les fleurs. C. C. C.

GENRE VI. — VRILLETTE marquetée. *Anobium tessellatum.*

Long. 9 millim. Antennes longues, terminées par trois articles plus grands; prothorax s'avançant sur la tête comme un capuchon; corps cylindrique et dur; corselet convexe, rebordé; écusson petit. Cet insecte contrefait le mort, si on le touche; sa larve perce le bois des meubles et les livres de petits trous ronds, d'où ses excrémens tombent sous la forme de poussière; les deux sexes pour s'appeler frappent de la tête contre le bois; ce tic tac est appelé *horloge de la mort.* Brune; avec des taches de poils sur le prothorax et les élytres. C. C. C.

6ᵉ Famille. — CLAVICORNES.

Car. Antennes de onze articles, en massue tantôt solide, tantôt perfoliée, et plus longues que les palpes maxillaires, ceux-ci au nombre de quatre; un écusson apparent; élytres recouvrant tout l'abdomen. Les larves sont carnassières; l'insecte se trouve souvent sur les végétaux. Le nombre des clavicornes est assez considérable; mais beaucoup de leurs espèces sont de très petite taille.

Genre. Ier. — TILLE, *Tillus.*

Tête et prothorax un peu moins larges que l'abdomen; tête inclinée; yeux arrondis; antennes égalant la moitié du corps, dentées en scie, et un peu renflées à l'extrémité; écusson très petit; corps cylindrique.

1. Tille mutillaire. *Mutillarius.* Long. 12 millim. Noir; élytres à trois bandes blanches, formées par un duvet cendré, qui règne aussi sur la tête et au bord postérieur du prothorax; base des élytres fauve; abdomen rougeâtre. — Sur le tronc des chênes. C. C.

2. Tille formicaire. *Formicarius.* Long. 12 millim. Diffère du précédent parce qu'il n'a que deux bandes blanches sur les élytres. C.

Genre II. CLAIRON. *Clerus,* mieux *Trichodes.*

Tête enfoncée dans le prothorax, et penchée; yeux échancrés; antennes égalant le tiers du corps, en massue triangulaire; écusson petit et rond; corps cylindrique; tarses en apparence de quatre articles. — Sur les fleurs, spécialement sur les ombellifères.

1. Clairon des ruches. *Apiarius.* Long. 16 millim. Bleu; élytres rouges, brillantes, traversées de trois bandes bleues souvent comme denticulées; la dernière terminale; corps velu. C. C.

2. Clairon alvéolaire. *Alveolarius.* Long. 16 millim. Bleu; élytres très rouges, brillantes, avec une tache commune près de l'écusson, et trois bandes denticulées, bleues; extrémité rouge. C.

Genre III. ESCARBOT. *Hister.*

Tête enfoncée dans le prothorax; mandibules aussi longues que la tête; antennes courtes et coudées; prothorax grand, échancré en avant, rebordé; écusson très petit; élytres plus courtes que l'abdomen; corps carré ou globuleux, dur; bases des quatre dernières pattes écartées; jambes larges et épineuses. Ces insectes se contractent, dès qu'on les touche; ils vivent dans les matières animales et végétales en décomposition.

1. Escarbot noir. *Unicolor.* Long. 9 millim. Tête lisse et petite, prothorax lisse, avec une ligne enfoncée sur les côtés et en avant; trois stries peu marquées le long du bord extérieur, dont une

interrompue par deux rangées d'épines aux quatre jambes postérieures; des dents latérales aux antérieures; noir luisant. C. C. C.

Escarbot quadrimaculé. *Quadrimaculatus.* Long. 9 millim. Prothorax bordé en avant d'une double ligne enfoncée; quatre stries inégales sur les élytres; jambes antérieures armées de trois dents latérales; massue des antennes et deux taches sur chaque élytre rougeâtres: le reste noir. C. C. C.

GENRE IV. NÉCROPHORE. *Necrophorus.*

Tête un peu inclinée avec une tache rouge sur le front; yeux oblongs peu saillans; antennes courtes à massue de quatre articles arrondie et perfoliée; prothorax orbiculaire , rebordé, marqué d'un faible sillon; écusson triangulaire; élytres courtes, tronquées, élargies en arrière; pattes fortes; jambes antérieures munies d'une dent latérale et de deux fortes épines; les quatre premiers tarses du mâle dilatés et garnis en dessous de longs poils. Les nécrophores se réunissent trois à cinq pour enterrer les cadavres des petits animaux, taupes, souris, oiseaux, et y déposent leurs œufs. Ils répandent une forte odeur de musc.

1. Nécrophore fossoyeur. *Vespillo.* Long. 22 millim. Des poils jaunes brillans sur le devant du prothorax, sur la poitrine, les côtés et le bord postérieur de trois anneaux de l'abdomen, sur les cuisses; prothorax un peu allongé; une forte dent aux hanches postérieures; jambes postérieures arquées; noir; massue des antennes et deux bandes dentelées, dont une terminale, rougeâtres. C. C.C.

2. Nécrophore ensevelisseur. *Sepultor.* Long. 18 millim. Épine des hanches postérieures presque nulle; jambes postérieures droites; prothorax un peu court et large; seconde bande rouge n'atteignant pas l'extrémité des élytres; le reste comme dans le précédent. C C. C.

3. Nécrophore mortuaire. *Mortuorum.* Long. 13 millim. Des poils à la poitrine seulement; hanches et jambes postérieures du précédent; massues des antennes noires comme le corps; une large bande dentelée et une tache rouge sur chaque élytre. C. C. C.

4. Nécrophore germanique. *Germanicus.* Long. 24 millim. Trois

lignes élevées sur chaque élytre; jambes postérieures courbées et dentelées; front, bord des élytres, dessous des tarses antérieurs roussâtres; le reste noir. C. C.

5. Nécrophore inhumeur. *Inhumator.* Long. 13 millim. Jambes postérieures droites et sans dents ; bouton des antennes et dessous des tarses roussâtres; le reste comme dans le précédent. C.

Genre V. NECRODE littoral. *Necrodes littoralis.*

Long. 20 millim. Massue des antennes de cinq articles; tête découverte; prothorax orbiculaire; élytres planes, presque carrées, un peu élargies en arrière, avec trois lignes élevées et une bosse entre la seconde et la troisième: abdomen dépassant d'un tiers les élytres; pattes grandes; cuisses du mâle renflées et sillonnées pour recevoir les jambes, qui sont arquées; noir; les trois derniers articles de la massue fauves.—Dans les charognes. C. C.

Var. Nécrode livide. *Lividus.* Long. 13 millim. Tout entier livide; seule différence qui le distingue du précédent. C, C.

Genre VI. — BOUCLIER. *Sylpha.*

Tête carrée, inclinée, cachée sous le prothorax; massue des antennes de quatre articles, prothorax presque aussi large que les élytres; élytres rebordées en gouttière; abdomen pointu; pattes courtes; tarses antérieurs du mâle dilatés. Les Boucliers vivent de charogne, sentent mauvais et versent une liqueur rousse, corrosive.

1. Bouclier thoracique. *Thoracica.* Long. 13 millim. Tête carrée; antennes égalant le prothorax: celui-ci raboteux, velouté; élytres soyeuses, ornées de trois lignes, dont la dernière carénée forme une dent interne au milieu de sa longueur; leur extrémité sinuée dans la femelle; noir; prothorax couleur de rouille. — Dans les bois, sur les charognes et les vieux champignons. C. C. C.

2. Bouclier sinué. *Sinuata.* Long. 14 millim. Tête carrée; antennes égalant le prothorax, qui est échancré en avant, et velouté; élytres ornées de trois côtes et d'une bosse, sinuées au bout, avec la suture prolongée dans la femelle; noir. C. C. C.

3. Bouclier disparate. *Dispar.* Long. 12 millim. Tête et anten-

nes du précédent; prothorax échancré, pointillé, velu; élytres sinuées dans la femelle, avec trois côtes et une bosse; noir; C. C. C.

4. Bouclier raboteux. *Rugosa*. Long. 11 millim. Tête carrée. couverte d'un duvet roussâtre; antennes du précédent; prothorax échancré en avant, sinué en arrière, raboteux, avec des points plus noirs que le fond, qui est cendré et soyeux; élytres ornées de trois côtes, d'une bosse et de rides transversales, un peu sinuées dans la femelle; noir sale. C. C. C.

5. Bouclier à quatre points. *Quadri punctata*. Long. 16 millim. Tête, milieu du prothorax, écusson, dessous, pattes noirs, quatre gros points noirs sur les élytres; celles-ci, avec trois côtes courtes, sont jaune pâle, ainsi que les bords du prothorax — Sur les chênes, où il poursuit les chenilles et les larves de *Calosome*. C. C.

6. Bouclier obscur. *Obscura*. Long. 16 millim. Tête et prothorax pointillés; élytres ornées de trois côtes, celle du milieu la plus longue, l'extérieure terminée par une légère bosse; noir mat. C. C. C.

7. Bouclier granulé. *Granulata*. Long. 18 millim. Deux lignes de points enfoncés entre les côtes des élytres, et leurs intervalles pointillés distinguent cette espèce de la précédente. R. R. R.

8. Bouclier réticulé. *Reticulata*. Long. 14 millim. Tête et prothorax pointillés; trois côtes courtes et une bosse sur les élytres, avec les intervalles rugueux et marqués de gros points carrés; noir mat. C. C. C.

9. Bouclier âtre. *Atrata*. Long. 13 millim. Massue de trois articles seulement; antennes longues; prothorax ponctué; élytres bombées, chagrinées, avec trois côtes saillantes; noir luisant. C. C. C.

10. Bouclier lisse. *Lævigata*. Long. 14 millim. Tête allongée; antennes courtes; dessus si finement pointillé, qu'il paraît lisse; corps fort convexe; noir peu luisant. C. C. C.

Genre VII. — DERMESTE du lard. *Dermestes lardarius*.

Long. 8 millim. Tête inclinée et enfoncée dans le prothorax;

antennes courtes, massue de trois articles; prothorax convexe, corps épais; noir; une bande roux cendré, ponctuée de noir; à la base des élytres; des poils roux à la poitrine. — Dans les cadavres et les collections, qu'il dévaste. C. C. C.

Dermeste souris. *Murinus.* Long. 7 millim. Noir; dessous blanc; des poils roux cendré sur la tête et le prothorax; des poils gris sur l'écusson et les élytres. — Sur les cadavres. C. C. C.

Genre VIII. — BYRRHE pilule. *Byrrhus pilula.*

Long. 11 millim. Tête enfoncée dans le prothorax, inclinée; massue allongée; prothorax bombé; écusson très petit; élytres convexes, dures, non rebordées; corps globuleux; pattes contractiles et disparaissant contre la poitrine; noir; dessus couvert d'un duvet roussâtre, qui forme quatre lignes alternativement noires et rousses sur les élytres. C. C. C.

7ᵉ Famille. — PALPICORNES.

Car. Antennes de neuf articles, en massue, et insérées sous les bords latéraux de la tête, qu'elles égalent en longueur; quatre palpes souvent plus longs que les antennes; écusson apparent. Corps ovale ou arrondi, toujours épais et bombé. Cette famille peu nombreuse ne nous fournira que trois espèces.

Genre Iᵉʳ. — HYDROPHILE. *Hydrophilus.*

Tête grosse, arrondie; yeux saillans, ronds; palpes plus longs que les antennes; celles-ci de neuf articles, en massue, courtes, insérées sous les yeux; prothorax très grand; écusson grand, triangulaire; élytres égalant l'abdomen; sternum caréné, terminé en pointe aiguë; tarses aplatis en nageoires et ciliés; deux épines aux jambes.

1. Hydrophile brun. *Piceus.* Long. 40 millim. Une petite impression sur les côtés du prothorax; noir, stries ponctuées sur

4.

les élytres; quatrième article des tarses antérieurs dilatés en palette chez le mâle; noir olivâtre luisant dessus: brun dessous; antennes roussâtres. — Dans les eaux stagnantes, où sa larve détruit beaucoup de frai de poissons. C. C.

2. Hydrophile caraboïde. *Caraboïdes.* Long. 20 millim. Côtés du prothorax ponctués; cinq stries ponctuées sur les élytres; prosternum peu aigu; noir luisant; antennes roussâtres. — Dans les eaux stagnantes. C. C. C.

Genre II. — SPHÉRIDIE scarabœoïde. *Sphæridium scarabœoïdes.*

Long. 8 millim. Tête inclinée, enfoncée dans le prothorax; antennes de neuf articles, plus longues que les palpes, en massue, perfoliées; prothorax grand et convexe; écusson triangulaire; élytres convexes; cuisses aplaties, épineuses; jambes épineuses, noires, avec les pattes et deux taches inégales sur chaque élytre ferrugineuses. — Dans les bouses. C. C. C.

8ᵉ Famille. — LAMELLICORNES.

Car. Tête ordinairement dilatée en chaperon; antennes courtes, de neuf ou dix articles, brisées, en massue feuilletée, insérées dans une fossette sous les bords de la tête; mâle portant souvent une corne sur la tête ou le prothorax; écusson apparent ou nul; jambes dentées au côté extérieur; tarses entiers sans brosses dessous; corps épais et convexe; démarche lourde.

1ʳᵉ Tribu. — PÉTALOCÈRES.

Car. Antennes presque droites jusqu'à la massue, qui est formée de trois à sept feuillets réunis par leur base et s'ouvrant comme un livre.

1re *Division.* **COPROPHAGES.** — *Insectes vivant dans les excrémens.*

GENRE Ier. — SYSIPHE de Schæffer. *Sysiphus Schæfferi.*

Long. 11 millim. Chaperon échancré et bidenté; antennes de huit articles, en massue feuilletée; yeux en partie cachés; prothorax chagriné; écusson nul; élytres légèrement striées, avec une petite bosse à leur extrémité; pieds postérieurs très longs, écartés entre eux et éloignés des précédens; corps court et globuleux, noir. — Deux ou trois sysiphes roulent péniblement une boulette d'excrémens, où ils déposent leurs œufs. C. C. C.

GENRE II. — BOUSIER lunaire. *Copris lunaris.*

Long. 18 millim. Chaperon en demi-cercle, échancré; front armé d'une corne bidentée à sa base; yeux en partie cachés; antennes de neuf articles roussâtres; prothorax sillonné, ponctué à la base et sur les côtés, tronqué et bidenté en avant, avec un enfoncement et une corne conique de chaque côté; écusson invisible; élytres sillonnées; jambes antérieures quadridentées, les postérieures unidentées en dehors; cornes de la femelle moins élevées; noir. — C. C.

GENRE III. — ONITICELLE flavipède. *Oniticellus flavipes.*

Long. 9 millim. Chaperon sinué, rebordé, pointillé, avec deux lignes élevées; front concave, pointillé; yeux en partie cachés, antennes de neuf articles; prothorax rebordé, pointillé, sillonné au milieu, avec une fossette près de chaque angle écusson visible, petit; élytres égales en longueur et en largeur au prothorax, avec huit stries ponctuées; corps court et ovale; pieds intermédiaires écartés entre eux; quatre dents au côté interne des jambes antérieures. Tête cuivreuse, corps roux; suture et un point sur le cinquième intervalle des élytres, tarses et dents des jambes antérieures vert bronzé. — La femelle dépose ses œufs dans autant de boulettes d'excrémens, qu'elle entraîne dans un trou creusé d'avance. C.

GENRE IV. — ONTHOPHAGE. *Onthophagus.*

Chaperon arrondi ou échancré; yeux en grande partie cachés; antennes de neuf articles; prothorax en croissant devant égalant les élytres, écusson nul; jambes élargies vers le bout en triangle allongé. — La femelle soigne ses œufs comme celle du genre précédent.

I. Onthophage lémur. *Lemur.* Long. 9 millim. Chaperon en demi-cercle, rebordé; front traversé par une carène, peu ponctué; prothorax bombé; deux dents sur les côtés de l'échancrure antérieure et un tubercule bidenté au milieu, sillonné au milieu, peu ponctué, avec un point de chaque côté, un peu velu; élytres ornées de neuf stries ponctuées en travers, jambes antérieures quadridentées, les dernières denticulées; corps arrondi, déprimé; bronzé; élytres fauves, avec la suture et des taches vertes. — C. C. C.

2. Onthophage nuchicorne. *Nuchicornis.* Long. 9 millim. Tête penchée, pointillée et velue; chaperon en demi-cercle, rebordé; front caréné en travers, avec une corne arrondie au devant: prothorax échancré, avec un tubercule en devant, rebordé, sillonné au milieu, creusé d'une fossette vers chaque angle postérieur et d'un sillon au milieu; neuf stries sur les élytres; toutes les jambes inégalement quadridentées; tête et prothorax noir ou verdâtre bronzé; élytres fauves, réticulées de noir; yeux et dessous noirs; deux carènes et pas de corne sur la tête de la femelle. — C. C. C.

3. Onthophage cénobite. *Cœnobita.* Long. 9 millim. Tête inclinée; chaperon avancé et rebordé; front caréné en travers, avec une corne triangulaire penchée en avant, puis redressée; prothorax échancré, avec un avancement médian aussi échancré, ponctué et creusé au milieu d'un sillon assez large et d'une fossette vers les angles; élytres ornées de neuf stries; jambes antérieures quadridentées, les postérieures à cinq dents; tête et prothorax vert cuivreux; élytres jaunâtres, tachées de vert; dessous vert bronzé. Femelle sans corne. — C.

4. Onthophage vache. *Vacca.* Long. 11 millim. Tête penchée, ponctuée; chaperon rebordé, deux carènes sur le front, dont la postérieure forme deux cornes: prothorax échancré en devant, avec la partie élevée bidentée, pointillé, portant deux fossettes angulaires et un sillon au milieu, neuf stries sur chaque

élytre; jambes inégalement quadridentées; verdâtre; un peu velu. — C. C.

5. Onthophage taureau. *Taurus.* Long. 11 millim. Tête penchée, pointillée; chaperon avancé, rebordé; carène du front formant deux cornes longues et arquées dans le mâle, et deux lignes élevées dans la femelle; prothorax échancré, marqué d'un sillon au milieu et d'un autre de chaque côté pour recevoir les cornes, ponctué; élytres pointillées, avec neuf stries; jambes inégalement quadridentées; noir luisant. — C.

Genre V. — APHODIE. *Aphodius.*

Écusson visible; pieds intermédiaires aussi rapprochés que les autres à leur base; jambes antérieures tridentées, les autres bidentées; corps ovale oblong: abdomen plus long que la tête et le prothorax réunis. La femelle ne construit pas de coque; elle dépose ses œufs dans les bouses.

1. Aphodie fossoyeur. *Fossor.* Long. 12 millim. Chaperon rebordé, pointillé; trois tubercules sur la tête, celui du milieu plus élevé dans le mâle; prothorax échancré, convexe, lisse, ponctué sur les côtés et enfoncé au milieu; écusson allongé, ponctué; dix stries ponctuées sur les élytres; noir brillant; antennes rougeâtres, et parfois les élytres. — C. C. C.

2. Aphodie rufipède. *Rufipes.* Long. 12 millim. Chaperon arrondi, point de cornes ni de tubercules, lisse; écusson triangulaire; élytres finement striées; antennes et pattes brun roussâtre; corps brun, plus foncé en dessus qu'en dessous. — C. C.

3. Aphodie sale. *Conspurcatus.* Long. 7 millim. Chaperon concave en avant, ponctué; trois tubercules sur la tête; prothorax et écusson ponctués; élytres marquées de stries ponctuées: noir; pattes brunes; élytres jaunâtres. — C. C. C.

4. Aphodie fimetaire. *Fimetarius.* Long. 7 millim. Trois tubercules sur la tête; prothorax convexe et lisse; écusson triangulaire; élytres striées; noir luisant; élytres rouges; antennes et côtés du prothorax ferrugineux. — C. C. C.

Genre VI. — TROX. *Trox.*

Tête petite, inclinée, cachée par le prothorax; antennes de dix articles, dont le premier gros et velu; massue de trois feuillets; prothorax rebordé et raboteux; écusson triangulaire; élytres grandes, bordées, raboteuses; corps convexe en dessus, plat en dessous; jambes dentées. — Les trox vivent sur le sable d'excrémens desséchés, marchent lentement et contrefont le mort.

1. Trox arénaire. *Arenarius.* Long. 7 millim. Prothorax peu raboteux, portant deux côtes et deux bosses, et les bords ciliés; élytres ornées de stries inégales, sans tubercules, avec huit rangées de faisceaux de poils souvent effacés; noir; antennes brunes. — C.

2. Trox sabuleux. *Sabulosus.* Long. 9 millim. Tête ornée de deux tubercules; bords latéraux ciliés de petites écailles; écusson arrondi; prothorax bordé et raboteux; élytres raboteuses, marquées de points élevés formant huit à neuf lignes; noir, mais sali par la poussière. — C. C.

Genre VII. — BOLBOCÈRE mobilicorne. *Bolboceras mobilicornis.*

Long. 10 millim. Chaperon rhomboïdal; antennes de onze articles; une corne simple, recourbée, mobile, sur la tête du mâle; deux tubercules sur celle de la femelle; deux dents au milieu du prothorax du mâle, avec une corne courbée en arrière de chaque côté; une carène et deux tubercules dans la femelle; écusson allongé; élytres convexes, striées; noir brun. — On le trouve dans les excrémens et les végétaux décomposés; les crapauds en sont très friands, ils le chassent le soir; on le trouve entier dans leur estomac. R. R.

Genre VIII. — GÉOTRUPE. *Geotrupes.*

Chaperon rhomboïdal; antennes de onze articles, écusson large; élytres convexes, recouvrant presque tout l'abdomen; corps très épais; prothorax armé de cornes ou de dents. — La femelle perce un trou sous un tas d'excrémens, forme une boule ovoïde creuse, et y dépose son œuf.

1. Géotrupe phalangiste. *Typhæus.* Long. 18 millim. Tête avancée, rugueuse, avec un petit tubercule; deux cornes latérales, droites, dirigées en avant, et une plus courte au milieu, re-

courbée, sur le prothorax du mâle; la femelle a les cornes latérales plus courtes et une saillie au milieu; quinze stries sur les élytres; jambes antérieures élargies, armées de cinq dents; les quatre autres arquées; noir. — Les jambes se raidissent quand l'animal a peur. C. C.

2. Géotrupe stercoraire. *Stercorarius.* Long. 20 millim. Chaperon avancé, rugueux; un petit tubercule sur la tête; prothorax lisse, convexe, avec un point enfoncé de chaque côté et un petit sillon au milieu; élytres rebordées, ornées de seize stries ponctuées; intervalles lisses; six dents aux jambes antérieures, et deux aux cuisses postérieures; dessous velu, noir bleuâtre ou vert doré, dessus noir bronzé; massue des antennes brune. — Dans les bouses. Il vole le soir. C. C. C.

3. Géotrupe printanier. *Vernalis.* Long. 15 millim. Corps plus court; élytres lisses; massue des antennes noire; entièrement bleu violet; le reste comme dans le précédent. On le trouve surtout au printemps. C. C.

4. Géotrupe sylvatique. *Sylvaticus.* Long. 18 millim. Antennes roussâtres; prothorax et écusson un peu ponctués; quinze stries ponctuées sur les élytres, avec quelques rides; le reste comme dans le *stercoraire.* — On le trouve surtout dans les bois, où il vit de cryptogames décomposés, et sur les bouses. C. C. C.

2e *Division.* SAPROPHAGES. — *Insectes choisissant leur nourriture dans les végétaux décomposés, le tan, le terreau.*

GENRE IX. — ORYCTES nasicorne. *Oryctes nasicornis.*

Long. 30 millim. Chaperon avancé en forme de bec; mâchoire sans dents, bouche garnie de poils; antennes de dix articles; tête armée d'une corne longue et recourbée chez le mâle, courte chez la femelle; prothorax rugueux sur les bords, lisse au milieu, tridenté en avant dans le mâle, faiblement tronqué dans la femelle; écusson large, ponctué; élytres lisses avec une seule strie près de la suture; anus découvert; jambes antérieures tridentées; dessous du corps couvert de poils roux; brun marron. — Sa larve, très grosse, se multiplie dans les couches des jardins. C. C. C.

3ᵉ Division. PHYLLOPHAGES.— Insectes vivant de feuilles.

Genre X. — HANNETON ordinaire. *Melolontha vulgaris.*

Long. 22 millim. Tête rebordée, ponctuée, velue ; antennes
de dix articles, à massue de sept feuillets dans le mâle et de
six dans la femelle ; mâchoires courtes , dentées ; prothorax
élargi, ponctué, marqué d'une fossette latérale, d'un sillon au
milieu, velu sur les côtés ; écusson ponctué, très velu ; élytres
chargées de cinq nervures dont la seconde et la troisième réunies en une bosse terminale, avec des poils à la base : ongles
égaux armés d'un fort crochet ; des poils gris sur la poitrine ;
noir ; devant du chaperon, élytres et pattes rougeâtres, abdomen
bordé de blanc, les cuisses noires. C. C. C.

2. Hanneton du marronnier d'inde. *Hippocastani.* Long. 20
millim. Tout couvert de poils fins et grisâtres ; devant de la
tête, prothorax, élytres, cuisses et pattes rougeâtres ; le reste
comme dans le précédent. C. C.

Genre XI. — ANOXIE poilue. *Anoxia pilosa.*

Long. 23 millim. Antennes de dix articles, massue de cinq
feuillets chez le mâle, de quatre chez la femelle ; chaperon
échancré, rebordé ; tête souvent velue ; prothorax ponctué, garni
de trois lignes de poils gris ; écusson, élytres et dessous du
corps velus, avec une mèche triangulaire sur le bord de chaque anneau de l'abdomen ; ongles égaux avec un crochet ; brun ;
antennes testacées. C. C.

Genre XII. — RHIZOTROGUE estival. *Rhizotrogus æstivus.*

Long. 18 millim. Antennes de dix articles, à massue de trois
feuillets chez le mâle et la femelle ; chaperon arrondi ; tête
ponctuée ; prothorax marqué d'une fossette latérale, ponctuée ;
trois nervures sur les élytres ; jambes de devant tridentées ;
ongles égaux, armés d'une dent dessous ; couleur rousse ; une
ligne médiane sur le prothorax, la suture et le bout des élytres
bruns ; velu ; en été, le soir. C. C.

Genre XIII. — AMPHIMALLE. *Amphimallus.*

Antennes de neuf articles à massue de trois feuillets dans le
mâle et la femelle.

1. Amphimalle noire. *Ater.* Long. 13 millim. Chaperon arrondi, ponctué, front caréné; prothorax ponctué, avec une fossette latérale et de longs poils gris ; écusson ponctué; élytres ornées de trois nervures courtes, velues à la base et ponctuées; jambes antérieures bidentées ; poitrine velue. Noir ou noirâtre. C. C.

2. Amphimalle solstitial. *Solstitialis.* Long. 16 millim. Front caréné, ponctué, velu; prothorax rebordé, ponctué, avec une cicatrice latérale, velu au milieu et en arrière; écusson ponctué et velu; élytres ornées de cinq nervures blanchâtres, velues; dessous très velu; devant de la tête, deux taches sur le prothorax et écusson noirâtres; le reste roussâtre; en été. C. C.

3. Amphimalle roussâtre. *Rufescens.* Long. 13 millim. Finement ponctué; élytres ornées de trois nervures incomplètes, d'un roux pâle; très voisin du précédent; au printemps. C. C.

Genre XIV. — SÉRIQUE brune. *Serica brunnea.*

Long. 9 millim. Tête ponctuée; antennes de neuf articles, à massue de trois feuillets; yeux noirs; prothorax ponctué, avec une cicatrice latérale; écusson allongé; dix stries ponctuées sur les élytres; pieds allongés, surtout les postérieurs; jambes antérieures bidentées, ongles couleur testacée; le soir, l'été. C.

Genre XV. — EUCHLORE de juillet. *Euchlora julii.*

Long. 14 millim. Chaperon arrondi; tête pointillée; antennes de neuf articles, à massue de trois feuillets; prothorax ponctué, avec une cicatrice latérale; écusson arrondi, ponctué; élytres ornées de dix stries inégales; un enfoncement au sternum; ongles inégaux; le plus long terminé par deux dents; couleur très variable; antennes brunes; prothorax vert, parfois blanchâtre; élytres verdâtres, jaunâtres, bronzées; dessous vert cuivreux. — Sur les saules, la vigne. C. C. C.

Genre 16. — ANISOPLIE. *Anisoplia.*

Antennes du précédent; corps ovoïde, déprimé; chaperon avancé en groin; ongles inégaux, le plus long bifide aux quatre pieds antérieurs. — Sur les graminées.

1. Anisoplie agricole. *Agricola.* Long. 9. millim. Chaperon

avancé, tronqué : tête penchée, ponctuée, velue ; prothorax ponctué, légèrement sillonné au milieu, avec des poils à sa base ; écusson en triangle arrondi, ponctué, velu ; élytres marquées de six stries, les trois dernières moins visibles, ponctuées, et velues ; poitrine et côtés de l'abdomen velus ; tête et prothorax vert cuivreux, élytres testacées, tachetées de noir, dessous noir verdâtre. C. C.

2. Anisoplie horticole. *Horticola.* Long. 10 millim. Elytres marquées de dix stries ponctuées ; dessus vert bronzé, pointillé, velu ; antennes roussâtres ; élytres fauves ; le reste comme dans le précédent. On le nomme aussi *hanneton de la Saint-Jean.* — Il ronge les feuilles des arbres fruitiers. C. C.

Genre XVII. — HOPLIE argentée. *Hoplia argentea.*

Long. 9 millim. Chaperon rebordé ; tête penchée, pubescente ; antennes de neuf articles ; prothorax convexe, pubescent ; élytres aplaties, en carré long, revêtues ainsi que le prothorax de petites écailles, avec une faible carène près de la suture, et trois autres stries aboutissant vers une petite bosse terminale, pubescentes comme le dessus du corps ; jambes bi ou tridentées ; ongles postérieurs sans fente à leur extrémité ; dessus noir : dessous couvert de petites écailles argentées et bleuâtres. — Mai et juin, sur les fleurs. C. C.

4e *Division.* MÉLITOPHILES. — *Insectes recherchant le miel des fleurs.*

Genre XVIII. — VALGUE hémiptère. *Valgus hémipterus.*

Long. 9 millim. Tête inclinée, presque carrée, concave ; yeux dégagés ; mâchoires membraneuses ; antennes de dix articles à massue de trois feuillets ; prothorax bordé, inégal, marqué de deux lignes élevées : écusson triangulaire, blanc sale ; élytres aplaties, plus courtes que l'abdomen, portant trois stries ; jambes antérieures armées de cinq dents ; les quatre autres écartées à leur naissance ; toutes se raidissant, quand l'animal a peur. Noir, tout couvert dessus et dessous d'écailles, qui forment des taches blanchâtres sur les élytres et sur l'abdomen. La femelle porte une tarière, pour introduire ses œufs dans le bois mort. La larve vit dans le bois, l'insecte sur les fleurs. C. C. C.

GENRE XIX. — TRICHIE. *Trichius.*

Tête inclinée, allongée, étroite; chaperon avancé, rebordé, échancré; yeux saillans; mandibules sans dents; antennes de dix articles à massue de trois feuillets; prothorax un peu étroit, arrondi, bordé, convexe; écusson triangulaire; élytres carrées, aplaties, bossues à la base, échancrées au bout; abdomen court, épais; jambes longues, les antérieures dentées. — Les trichies se trouvent sur les fleurs.

1. Trichie noble. *Nobilis.* Long. 18 millim. Prothorax pointillé, avec un sillon au milieu; écusson petit, en cœur; élytres raboteuses, avec trois stries peu visibles, plus courtes que l'abdomen; celui-ci marqué d'une petite fossette au sixième anneau; poitrine velue. Vert doré cuivreux; les côtés et le bout de l'abdomen blancs avec quelques taches blanchâtres sur les élytres; antennes noires. — Sur les fleurs, celles du sureau surtout. C. C. C.

2. Trichie fasciée. *Fasciatus.* Long. 13 millim. Prothorax ponctué; écusson en cœur, pointillé; élytres carrées, à quatre stries peu marquées; avec une bosse sur chacune; jambes antérieures bidentées; tout le corps noir, ainsi que la suture et trois bandes en travers sur les élytres, séparées par deux bandes qui se rejoignent le long de la suture; tête. prothorax et dessous couverts d'un duvet jaunâtre. — Sur les fleurs. C. C. C.

GENRE XX. — CÉTOINE. *Cetonia.*

Tête penchée, étroite; chaperon avancé, échancré; yeux saillans; mandibules sans dents; antennes de dix articles à massue de trois feuillets, prothorax triangulaire, tronqué en avant; élytres presque carrées, plus courtes que l'abdomen, échancrées sur les côtés, pour faire place à une pièce triangulaire, mobile, nommée *épimère;* corps court, déprimé; jambes antérieures dentées. — Les cétoines vivent sur les fleurs.

1. Cétoine dorée. *Aurata.* Long. 20 millim. environ. Prothorax pointillé; élytres ornées de deux nervures incomplètes et de petites rides; jambes antérieures tridentées. Sa couleur va-

rie; tête verte; prothorax vert doré; élytres vert doré, marquées de taches onduleuses, parfois sans taches; dessous vert cuivreux; des poils roux sur les pattes, la poitrine et les côtés de l'abdomen; antennes noires. — Sur les fleurs. C. C. C.

2, Cétonie velue. *Hirta*. Long. 13 millim. Prothorax octogone, ponctué, avec une carène lisse; écusson ponctué sur ses bords; une dépression au milieu de chaque élytre et deux faibles nervures; jambes de devant tridentées. Corps noir verdâtre, tout hérissé de poils roussâtres, de petites taches grisâtres sur les élytres; elles manquent quelquefois.—Sur les fleurs. C. C.C.

1. Cétoine stictique. *Stictica*. Long. 11 millim. Tête ponctuée et carénée ; prothorax ponctué, avec une carène lisse au milieu; écusson lisse ; élytres ornées de deux nervures et de points ; jambes antérieures bidentées; corps noir bleuâtre luisant, peu velu ; dessus, bords de l'abdomen et anus tachés de blanc.—Sur les fleurs. C. C. C.

2ᵉ Tribu. — PRIOCÈRES.

Car. Antennes de dix articles, formant un coude à l'extrémité de l'article de la base plus long que tous ceux de la tige réunis ; massue de trois à six articles disposés en forme de peigne au côté interne.

GENRE I. — LUCANE. *Lucanus*.

Tête grosse, surtout dans le mâle, large , antennes à massue de quatre articles; mandibules du mâle très grandes, fortes, dentées en dedans; celles de la femelle moins grandes ; yeux en partie voilés; prothorax bordé; écusson triangulaire; élytres égalant l'abdomen, dures; jambes longues et dentées. — Ils vivent dans le bois.

1. Lucane cerf-volant. *Cervus*. Long. 38 à 45 millim. Tête ponctuée ; mandibules du mâle égalant les élytres, bifurquées au bout, armées d'une grosse dent relevée, et crénelées de petites dents depuis le milieu à l'intérieur; prothorax ponctué sur les côtés, court, rebordé, arrondi aux angles posté-

rieurs, sillonné au milieu, bordé en avant et en arrière de cils dorés ; écusson en demi-cercle, ponctué ; élytres pointillées, rebordées, marquées d'une faible strie; jambes antérieures bidentées et épineuses ; les quatre autres épineuses ; brun marron dessus, noir dessous; mandibules de la femelle plus courtes que la tête, noires, bidentées en dedans. C. C. C.

2. Lucane parallélipipède. *Parallelipipedus.* Long. 20 millim. Tête large, déprimée, ponctuée ; mandibules égalant la tête, armées à l'intérieur de deux dents, dont l'une relevée ; prothorax convexe, large, rebordé, ponctué surtout sur les côtés ; écusson en triangle arrondi, ponctué ; élytres finement pointillées, parallèles ; jambes antérieures bidentées au bout, crénelées jusqu'à la base ; les quatre autres uniépineuses. — Sur les saules et autres arbres pourris. C. C.

GENRE II. — PLATYCÈRE caraboïde. *Platycerus caraboïdes.*

Long. 13 millim. Tête pointillée; mandibules avancées; yeux découverts ; antennes plus longues que la tête ; prothorax large, rebordé, à angles aigus, ponctué; écusson arrondi, ponctué ; élytres pointillées; jambes antérieures bidentées au bout et denticulées en dedans; antennes noires ; corps vert ou bleuâtre brillant.—Dans les bois. C. C.

GENRE III. — SINODENDRE cylindrique. *Sinodendron cylindricum.*

Long. 13 millim. Tête petite, aplatie, armée d'une corne recourbée, dentelée, d'un simple tubercule chez la femelle ; mandibules courtes; antennes de neuf articles, massue de trois feuillets ; prothorax large, convexe, dentelé en avant, bordé et ponctué ; écusson en triangle arrondi ; élytres marquées de dix stries et de gros points, cylindriques comme le corps ; jambes antérieures dentelées d'un côté, les quatre autres des deux côtés ; noir luisant.—Dans le tronc pourri des pommiers. C. C. C.

2ᵉ Section. — HÉTÉROMÈRES.

Car. Cinq articles aux quatre tarses antérieurs, et quatre aux postérieurs. Cette section comprend trois familles.

1ʳᵉ Famille. — COLLAPTÉRIDES.

Car. Tête engagée dans le prothorax ; antennes grenues insérées sous les bords avancés de la tête , de dix ou onze articles, dont le troisième allongé : yeux oblongs et peu élevés ; tarses entiers ; élytres soudées, pas d'ailes membraneuses, excepté dans deux genres ; corps noir ou cendré, ce qui a fait nommer ces insectes *Mélasomes ;* ils vivent dans les lieux obscurs, ou sur le sable.

GENRE Iᵉʳ. — ASIDE grise. *Asida griséa.*

Long. 16 millim. Tête enfoncée, petite ; yeux petits ; antennes de dix articles ronds, le premier excepté, courtes ; prothorax large, rebordé, chagriné ; écusson petit et rond ; élytres convexes, recouvrant les côtés de l'abdomen, avec trois lignes élevées, irrégulières, dentées, dures; gris noirâtre, couvert de poussière.—Sur le sable. C. C.

GENRE II. — BLAPS mucroné. *Blaps mucronata.*

Long. 24 millim. Tête avancée, étroite; yeux allongés, petits; antennes de onze articles; prothorax plan, rebordé et pointillé; écusson très petit; élytres convexes, terminées en pointe, embrassant une partie de l'abdomen, avec une ligne élevée; pattes longues; jambes terminées par deux épines; noir, peu luisant, répandant une mauvaise odeur. — Lieux obscurs et humides. C. C.

GENRE III. — PÉDINE fémoral. *Pedinus femoralis.*

Long. 10 millim. Antennes de onze articles, grenues; prothorax presque carré, lisse; des lignes de points sur les élytres; les quatre jambes antérieures triangulaires ; noir.— Sur le sable. C. C.

GENRE IV. — OPATRE des sables. *Opatrum sabulosum.*

Long. 10 millim. Tête des précédens; antennes de onze articles, moniliformes, grossissant vers le bout, courtes , prothorax large, aplati, échancré en avant, rebordé et chagriné ; élytres chargées de trois lignes élevées, crénelées, avec un rang de tubercules près de la suture ; des ailes membraneuses, dont l'insecte se sert rarement ; jambes antérieures triangulaires ; noir ou couleur de terre. —Sur le sable. C.C. C.

GENRE V. — TÉNÉBRION. *Tenebrio.*

Tête des précédens ; antennes de onze articles, terminées en massue ; prothorax aussi large que les élytres, bordé, échancré en devant ; écusson petit et arrondi ; élytres longues recouvrant l'abdomen et des ailes membraneuses; cuisses renflées; jambes éperonnées.

1. Ténébrion de la farine. *Molitor.* Long. 46 millim. Élytres ornées de neuf stries; dessus du corps pointillé ; noir brun peu luisant; dessous marron foncé.—Sa larve vit dans la farine; on le trouve dans les boulangeries. C. C.

2. Ténébrion obscur. *Obscurus.* Long. 16 millim. Noir mat dessus, brun dessous; semblable au précédent. — Dans le bois pourri. C. C.

2e Famille. — STÉNÉLYTRES.

Car. Tête dégagée, sans cou; antennes de onze articles ne grossissant pas vers le bout; des ailes membraneuses; corps allongé, arqué en dessus; vivant sur les écorces, les fleurs ou les feuilles.

Genre Ier. — HÉLOPS. *Helops.*

Tête inclinée, un peu engagée; yeux ronds; prothorax convexe, rebordé, arrondi sur les côtés, aussi large que les élytres; écusson petit, triangulaire; élytres convexes, dures, de la longueur de l'abdomen; cuisses un peu renflées et aplaties.

1. Hélops lanipède. *Lanipes.* Long. 16 millim. Tête et prothorax pointillés; antennes égalant la moitié du corps; élytres striées, pointillées et terminées en pointe; tarses garnis en dessous d'un duvet roussâtre; dessus bronzé cuivreux foncé; dessous noirâtre. C. C. C.

2. Hélops strié. *Striatus.* Long. 12 millim. Corps plus raccourci, corselet plus large et moins arrondi en arrière que dans le précédent; tarses soyeux dessous; antennes, pattes et dessous brun fauve; dessus bronzé très foncé et pointillé. — Sur les écorces. C. C.

3. Hélops âtre. *Ater.* Long. 11 millim. Tête petite, arrondie; prothorax large et pointillé; des stries ponctuées sur les élytres; des poils sous les tarses; antennes et dessous brun foncé; dessus noir ou marron luisant. C.

Genre II. — CISTÈLE. *Cistela.*

Tête petite, avancée, moins large que le prothorax; yeux ovales, saillans; prothorax moins large que les élytres, rétréci en avant; écusson petit, triangulaire; élytres égalant l'abdomen.

1. Cistèle céramboïde. *Ceramboïdes.* Long. 11 millim. Antennes en scie chez le mâle; prothorax prolongé en arrière en une pointe qui s'avance un peu sur l'écusson; élytres striées, dessus pubescent; noir, avec les élytres jaunes. — Sur le chêne. C. C. C.

2. Cistèle jaune citron. *Sulphurea.* Long. 9 millim. Deux points enfoncés sur le prothorax, qui est presque carré; élytres légè-

rement striées; antennes et tarses noirâtres; yeux noirs; élytres jaune verdâtre; le reste jaune. — Sur les fleurs. C. C.

3. Cistèle murine. *Murina.* Long. 7 millim. Antennes brunes; tête, prothorax, dessous noirs; élytres et pattes rougeâtres. C. C.

4. Cistèle âtre. *Atra.* Long. 16 millim. Prothorax pointillé, rebordé, convexe; élytres légèrement striées avec de petits points enfoncés dans les intervalles; noire; élytres luisantes. C. C.

GENRE III.—MÉLANDRYE caraboïde. *Melandrya caraboïdes.*

Long. 14 millim. Tête inclinée; yeux allongés, logeant les antennes dans une échancrure interne; prothorax aplati, triangulaire en arrière, pointillé, avec deux fortes impressions postérieures; élytres striées, pointillées; pénultième article des tarses bilobé; dessus noir; élytres bleu noirâtre; dessous noir brillant. C.

GENRE IV. — LAGRIE hérissée. *Lagria hirta.*

Long. 9 millim. Tête petite, étroite, inclinée; yeux échancrés pour recevoir les antennes, dont le dernier article est très long; prothorax étroit, cylindrique: écusson très petit; élytres minces, molles, couvertes comme tout le corps d'un duvet fauve, et pointillées; pénultième article des tarses bilobé; noire; élytres fauves. — Sur les feuilles des bois. C. C. C.

GENRE V. — OEDÉMERE. *OEdemera*

Tête avancée, un peu plus large que le prothorax; yeux arrondis, saillans; prothorax cylindrique, raboteux; écusson très petit; élytres molles, rétrécies et ouvertes en arrière; pénultième article des tarses bilobé.

1. OEdémère goutteuse. *Podagraria.* Long. 11 millim. Les cuisses postérieures arquées et très renflées; antennes brunes; le corps, le bout des élytres et les pattes postérieures noir bronzé: élytres, les quatre pattes antérieures et la base des cuisses postérieures fauves. C. C.

2. OEdémère bleue. *Cærulea.* Long. 11 millim. Trois lignes élevées sur les élytres; cuisses postérieures renflées; jambes arquées; antennes et yeux noirs; le reste vert bleuâtre. — Sur les fleurs. C. C.

5.

3. OEdémère simple. *Simplex*. Long. 11 millim. Deux lignes élevées sur les élytres; cuisses non renflées; base des antennes, prothorax, extrémité de l'abdomen, cuisses et élytres fauves; le reste noir. C. C.

3ᵉ Famille. — TRACHÉLIDES.

Car. Tête portée sur une espèce de cou; corps le plus souvent mou, avec les élytres flexibles.

Genre Iᵉʳ. — PYROCHRE écarlate. *Pyrochroa coccinea.*

Long. 16 millim. Tête penchée, aplatie; yeux échancrés; antennes de onze articles pectinées, de la moitié du corps; écusson petit; prothorax arrondi, raboteux; élytres arrondies au bout et élargies, recouvrant l'abdomen; pénultième article des tarses bilobé; noir; prothorax et élytres rouge sanguin soyeux; écusson noir. — Au pied des haies. C.

2. Pyrochre cardinale. *Rubens*. Long. 15 millim. Antennes, pattes et dessous noirs; tout le dessus rouge. C. C.

Genre II. — MÉLOÉ. *Meloe.*

Tête large, aplatie en devant, et inclinée; yeux allongés; antennes de onze articles, sans renflement terminal, assez longues; prothorax presque carré, étroit; élytres molles, croisées à la base et plus courtes que l'abdomen; pattes longues; tarses à crochets doubles.

1. Méloé proscarabée. *Proscarabœus*. Long. 27 à 29 millim. Tête chagrinée et sillonnée; prothorax ponctué; antennes et élytres noir bleuâtre bronzé; tête et prothorax bleus; dessous noir luisant. Les antennes du mâle sont très irrégulières; l'abdomen est très gros surtout chez la femelle. — Sur l'herbe, au printemps. C. C. C.

2. Méloé automnal. *Autumnalis*. Long, 15 mill. Tête sillonnée, presque lisse, ainsi que le prothorax; de gros points sur les élytres, qui égalent presque l'abdomen; bleu noir foncé. C. C.

3. **Méloé varié.** *Variegata.* Long. 27 à 29 millim. Tête et prothorax chagrinés; celui-ci sillonné au milieu; élytres courtes et chagrinées; dessous noir; bord des anneaux et dessus noir verdâtre cuivreux; antennes noir bleuâtre. — Sur l'herbe, au printemps. C. C.

GENRE III. — CANTHARIDE à vésicatoire. *Cantharis vesicatoria.*

Long. 14 à 23 millim. Tête inclinée, grande, aplatie avec un sillon au milieu; yeux ovales; antennes de onze articles, filiformes, égalant la moitié du corps; prothorax étroit, inégal, sillonné au milieu, pubescent; écusson petit et rond; élytres molles, chagrinées, ornées de deux nervures, aussi longues que l'abdomen; pattes longues, tarses à crochets doubles; dessous pubescent; vert doré; antennes noires; tarses bleuâtres. — Sur le frêne. C. C. C.

2. **Cantharide humérale.** *Humeralis.* Long. 14 millim. Tête très inclinée, presque aussi large que le prothorax; élytres rétrécies en pointe vers l'extrémité, plus courtes que l'abdomen; dessus pointillé; noire, avec une tache fauve à la base des élytres. C. C.

3ᵉ Section. — TÉTRAMÈRES.

Car. Quatre articles à tous les tarses. Les tétramères forment cinq familles.

1ʳᵉ Famille. — RHINCHOPHORES.

Car. Tête prolongée en une trompe, ou en un bec avancé, au bout duquel s'ouvre la bouche; les antennes de neuf à douze articles , ordinairement en massue, souvent coudées ; le pénultième article des tarses bilobé ; l'abdomen gros. Ces insectes sont frugivores , très-communs et très-nombreux en espèces; mais la plupart sont étrangers , petits et d'une étude difficile. Nous n'en décrirons qu'un petit nombre.

GENRE Ier. — APODÈRE du noisetier *Apoderus coryli.*

Long. 10 millim. Bec cylindrique, incliné, plus court que la tête, épais; tête étroite, ainsi que le devant du prothorax; un sillon continué sur ces trois parties, antennes de douze articles en massue; élytres carrées, striées, plus courtes que l'abdomen; noir; élytres rousses; le prothorax est souvent roux avec ou sans taches noires. — Sur le noisetier et d'autres arbres. C. C.

GENRE II. ATTELABE laque. *Attelabus curculionides.*

Long. 9 millim. Bec cylindrique, incliné, très épaissi au sommet, plus court que la tête; celle-ci non rétrécie en arrière; antennes de onze articles en massue; prothorax carré, convexe; élytres en carré, plus courtes que l'abdomen, ponctuées et striées; noir brillant; prothorax et élytres rouge cerise. C. C.

GENRE III. RHYNCHITE. *Rhynchites.*

Bec cylindrique; tête allongée; antennes de onze articles, en massue; prothorax élargi sur les côtés; élytres grandes, arrondies aux extrémités.

1. Rhynchite des bouleaux. *Betuleti.* Long. 9 millim. Front un peu enfoncé; une épine de chaque côté du prothorax de la femelle, un sillon au milieu: tête, prothorax et élytres finement pointillés; antennes noires; dessus vert soyeux; bec et dessous vert doré. —Sur le bouleau et la vigne, dont il roule les feuilles pour y déposer ses œufs. C. C. C.

2. Rhynchite du peuplier. *Populi.* Long. 8 millim. Dessus vert doré brillant; dessous noir violet; du reste, tout semblable au précédent. — Sur le peuplier et d'autres arbres. C. C. C

3. Rhynchite doré. *Auratus.* Long. 10 millim. Tête, prothorax

et élytres des deux précédens; vert cuivreux un peu plus rouge dessous; bout du bec, antennes et tarses noirs. — Sur la vigne; on le surnomme *Bêche*. C. C. C.

4. Rhynchite Bacchus. *Bacchus*. Long. 9 millim. Pointillé; pubescent; yeux saillans; trompe longue; tête courte; prothorax sans épines; vert doré; bec, antennes et tarses noirs. C. C. C.

5. Rhynchite cuivreux. *Cupreus*. Long. 8 millim. Elytres striées ponctuées; pubescent; bronzé obscur; bec, antennes et tarses noirs; élytres rouge cuivreux. C. C. C.

GENRE IV. — TROPIDÈRE blanc-bec. *Tropideres albirostris*.

Long. 7 millim. Bec allongé, incliné; antennes de onze articles, en massue; un sillon élevé sur le prothorax; élytres longues, peu convexes; noir, bec, extrémité des élytres, dessous du corps couverts de poils blancs; pattes noires, annelées de blanc. — Sur le bouleau. C. C.

GENRE V. — CHLOROPHAN vert. *Chlorophanus viridis*.

Long. 11 millim. Bec court, aplati, caréné au milieu; antennes courtes, brisées, en massue; élytres convexes, striées, terminées en pointe, jambes antérieures courbées, armées d'une épine; yeux noirs; antennes noirâtres; corps à fond noir, mais couvert en dessus d'écailles vertes, et en dessous d'écailles jaune verdâtre. C. C. C.

GENRE VI. — BOTHYNODÈRE blanc. *Bothynoderes albidus*.

Long. 5 millim. Bec bisillonné, à carène bifide, court; antennes assez courtes et fortes; une fossette sur le milieu du prothorax écusson triangulaire; antennes noires; corps noir, couvert d'une pubescence blanche; le milieu et des points sur le prothorax, une bande et quatre taches sur les élytres, des points sur l'abdomen, noirs. C.

GENRE VII. — LÉPYRE colon. *Lepyrus colon*.

Long. 12 millim. Bec long, mince et cylindrique, incliné; yeux ronds; antennes médiocres; prothorax caréné, dilaté en arrière; écusson triangulaire; élytres ovales, convexes, avec des stries de points; une épine au dedans des jambes; noir, couvert de poils cendrés: deux lignes sur le prothorax, un point sur chaque élytre, quatre points sous l'abdomen, et un anneau aux cuisses blanchâtres. C. C.

GENRE VIII. — HYLOBIE des sapins. *Hylobius abietis.*

Long. 14 millim. Bec allongé, cylindrique, épaissi au bout; yeux ovales; antennes médiocres, écusson arrondi: tête et prothorax chagrinés, élytres striées avec des touffes de poils roussâtres, rangées en ligne: cuisses dentées; noir brun, avec des poils roussâtres sur la tête, le prothorax et les flancs. C. C.

GENRE IX. — MOLYTE germain. *Molytes germanus.*

Long. 17 millim. Bec allongé, épais, cylindrique, avec une strie latérale; yeux ovales; antennes médiocres; tête et prothorax ponctués; écusson très petit; élytres chagrinées, échancrées à la base; pas d'ailes membraneuses; cuisses dentées; noir; deux petits points sur les côtés et une bordure en arrière du prothorax formés par des points jaunâtres; quelques taches semblables sur les élytres. C. C. C.

GENRE X. — PHYLLOBIE. *Phyllobius.*

Bec court, épais, cylindrique; yeux arrondis; antennes longues, en massue allongée; prothorax convexe; un écusson; élytres un peu plus larges au milieu; des ailes membraneuses.

1. Phyllobie du poirier. *Pyri.* Long. 9 millim. Prothorax court, rétréci en avant; écusson en triangle aigu; élytres striées; cuisses dentées; noir; antennes et pattes fauves; des écailles vert-soyeux sur tout le corps. — Sur le poirier et le pommier. C. C. C.

2. Phyllobie argentée. *Argentatus.* Long. 7 millim. Semblable à la précédente; mais les écailles sont arrondies et d'un vert argenté. C. C.

GENRE XI. — OTIORHYNQUE. *Otiorhynchus.*

Bec court, épais, épaissi au bout; yeux ronds; antennes longues, minces, en massue ovale; prothorax convexe, arrondi sur les côtés; écusson petit; élytres ovales, convexes, pas d'ailes membraneuses.

1. Otiorhynque noir. *Niger*. Long. 8 millim. Prothorax étroit chagriné; élytres striées, ponctuées; cuisses sans dents; noir luisant, pubescent. C. C.

2. Otiorhynque de la Livèche. *Ligustici*. Long. 14 millim. Bec caréné; prothorax et élytres chagrinés; cuisses dentées; noir, couvert de petites écailles cendrées. C. C.

3. Otiorhynque sillonné. *Sulcatus.* Long. 11 millim. Bec large et sillonné: prothorax chagriné, tuberculé; élytres raboteuses, avec des stries crénelées et des taches de poils; cuisses dentées; noir. C. C.

GENRE XII. — LIXE paraplectique. *Lixus paraplecticus.*

Long. 16 millim. Bec allongé, cylindrique, incliné; antennes médiocres, massue en fuseau; yeux ovales; prothorax allongé, chagriné; écusson triangulaire; élytres allongées, ponctuées, striées, déhiscentes, terminées en pointe aiguë; noir, couvert de poils d'un gris olivâtre, qui forment souvent quatre lignes sur le prothorax. C.C.

GENRE XIII. — LARIN de la Jacée. *Larinus Jaceæ.*

Long. 11 millim. Bec médiocre, cylindrique, arqué; yeux allongés; antennes courtes, en massue; prothorax assez large, pointillé ainsi que le bec; écusson triangulaire; élytres ovales, ponctuées, striées, terminées en pointe; cuisses en massue; noir; des taches de poils sur le prothorax; un point semblable grisâtre sur les élytres près de l'écusson. C. C.

GENRE XIV. — PISSODE du pin. *Pissodes pini.*

Long. 11 à 14 millim. Bec allongé, mince, cylindrique, arqué; yeux ovales, antennes médiocres, en massue ovale; prothorax rétréci en devant; écusson élevé, arrondi; élytres allongées, ponctuées, striées, avec de gros points au milieu: cuisses en massue; jambes armées d'un crochet: couleur roux brun, des taches de poils roux sur le prothorax, deux bandes semblables sur les élytres, et quelques marques sur le corps et les pattes. — Sur le pin sylvestre. C. C.

GENRE XV. — BALANIN du noisetier. *Balaninus nucum,*

Long. 8 millim. Bec très long, filiforme, arqué, caréné, strié; yeux grands, ronds; antennes longues, en massue ovale; prothorax oblong, arrondi sur les côtés: écusson élevé, arrondi; élytres très cordiformes, rétrécies et arrondies en arrière; cuisses dentées; noir; antennes brunes; prothorax, élytres et dessous parsemés de petites écailles cendrées ou jaunâtres. — La larve ronge les noisettes d'où elle sort par un trou rond pour se transformer dans la terre. C. C. C.

2ᵉ Famille. — XYLOPHAGES.

Car. Tête ordinaire sans trompe, ni museau; antennes de neuf et dix articles, en massue. Ces insectes vivent dans le bois, où leurs larves causent de grands ravages; la plupart sont petits ou étrangers.

GENRE Iᵉʳ. — SCOLYTE destructeur. *Scolytus destructor.*

Long. 7 millim. Tête en pointe antérieurement, enfoncée dans le prothorax; yeux allongés; antennes courtes de huit à neuf articles, en massue solide; prothorax assez large et lisse; écusson triangulaire; élytres tronquées, rebordées, et couvrant l'abdomen sur les côtés, striées et pointillées; jambes triangulaires; abdomen tronqué obliquement au bout; noir brun, luisant; antennes et pattes brun rougeâtre. — Sous l'écorce des arbres, où la larve trace des galeries tortueuses, et dans les chantiers. C. C. C.

GENRE II. — BOSTRICHE capucin. *Bostrichus capucinus.*

Long. 12 millim. Tête petite, inclinée et enfoncée dans le prothorax; yeux ronds, saillans; antennes de dix articles à massue perfoliée; prothorax gros, rond, chagriné, armé de pointes courtes et élevées; écusson arrondi; élytres allongées, arrondies au bout, raboteuses; corps cylindrique; tout noir, avec les élytres et l'abdomen rouges. — Sur le bois mort. C. C.

3e Famille. — LONGICORNES.

Car. Tête ordinaire sans trompe, ni museau; yeux souvent échancrés; antennes amincies vers le bout, ordinairement longues; corps allongé; des brosses de poils sous les trois premiers articles des tarses, le troisième bilobé.

1re Tribu. — PROCÉPHALIDES.

Car. Tête penchée en avant, enfoncée dans le prothorax, ou, quand elle est portée sur un cou, le troisième article des antennes égale au moins le quart de leur longueur; yeux généralement très échancrés et entourant le plus souvent une partie de la base des antennes.

GENRE Ier. — PRIONE tanneur. *Prionus coriarius.*

Long. 26 à 40 millim. Tête enfoncée dans le prothorax, aplatie, ponctuée, sillonnée; yeux peu échancrés, n'embrassant pas la base des antennes; celles-ci égalant la moitié du corps, de douze articles chez le mâle, de onze chez la femelle, le troisième grand; prothorax aplati, large, muni de trois dents sur les côtes, ponctué; écusson en demi-cercle; élytres longues, larges, rebordées, chagrinées, avec trois lignes élevées et une petite épine au bout; dessus brun noirâtre; pattes brun marron; des poils jaunes à la poitrine. — Près des vieux chênes. C. C.

GENRE II. — CAPRICORNE. *Cerambix.*

Antennes de onze articles, dont les 3e, 4e et 5e gros et ronds, très longs chez le mâle, entourés à leur base par l'échancrure des yeux; prothorax ridé, épineux sur les côtés, large; écusson triangulaire; élytres grandes; pattes longues.

1. Capricorne héros. *Heros*. Long. 40 à 50 millim. Antennes du mâle égalant deux fois celles de la femelle, une fois la longueur du corps; prothorax très raboteux, avec une épine latérale; élytres chagrinées, arrondies au bout et terminées par une épine suturale; tout entier noirâtre. — Dans les bois. C.

2. Capricorne savetier. *Cerdo*. Long. 20 à 25 millim. Antennes du mâle dépassant le corps; prothorax garni de rides duveteuses, et d'une épine latérale; élytres fortement chagrinées, arrondies au bout, sans épines; noir foncé. — Sur l'aubépine. C. C.

GENRE III. — PURPURICÈNE de Kœhler. *Purpuricenus Kœhleri*.

Long. 14 à 23 millim. Tête courte; antennes de onze articles allongés, dépassant le corps chez le mâle, naissant de l'échancrure des yeux; prothorax sans rides, avec une épine latérale; écusson en triangle; élytres convexes, tronquées au bout, avec une épine suturale; noir, élytres rouges, avec une tache noire, oblongue sur la suture; le prothorax noir, ou bien taché, ou bordé de rouge. C.C.

GENRE IV. — AROMIE musquée. *Aromia moschata*.

Long. 30 à 34 millim. Tête ponctuée, sillonnée; antennes de onze articles dépassant le corps du mâle, naissant de l'échancrure des yeux; prothorax tuberculé, avec une épine latérale; écusson triangulaire; élytres finement chagrinées, ornées de deux lignes élevées, flexibles; vert cuivreux, ou bleuâtre. — Sur les saules, où son odeur de musc le trahit. C. C.C.

GENRE V. — CALLIDIE sanguine. *Callidium sanguineum*.

Long. 11 millim. Antennes de onze articles, plus courtes que le corps, naissant de l'échancrure des yeux; prothorax aplati; tuberculé, soyeux, arrondi; écusson arrondi; élytres planes; cuisses en massue; tout entier noir, mais le prothorax et les élytres sont garnis d'un duvet serré, rouge, qui les fait paraître de cette couleur. — Dans les bois et les chantiers au printemps. C.C.C.

Callidie rufipède. *Rufipes.* Long. 9 millim. Tête et prothorax bleu violet luisant, un peu velus; élytres violettes; corps noir bronzé; base des antennes et pattes testacées; cuisses bleues. — Dans les bois et les chantiers. R.

Genre VI- — PHYMATODE variable. *Phymatodes variabilis.*

Long. 9 à 16 millim. Antennes cétacées de onze articles, naissant de l'échancrure des yeux, plus longues que le corps, au moins dans le mâle; prothorax inégal, tuberculé: élytres allongées, flexibles, pubescentes, ponctuées, portant une ligne élevée; cuisses en massue; corps déprimé; vert cuivreux; antennes et pattes brunes. — Dans les chantiers. C.C.C.

1re Variété. *Nigrine.* Noir; élytres violettes ou verdâtres.

2e Variété. *Bleuâtre.* Noir; élytres violettes, vertes ou bleues; du rouge brun aux antennes, aux pattes et à l'extrémité de l'abdomen.

3e Variété. *Nigricolle.* Noir; élytres rousses.

4e Variété. *Brûlée.* Élytres en partie rousses; tête, poitrine. ventre, une partie des pieds et des antennes noirs; le reste ferrugineux.

5e Variété *Testacée.* Élytres rousses; prothorax, bout de l'abdomen, une partie des pieds et des antennes testacés.

Genre VII. — HYLOTRUPE porte-faix. *Hylotrupes bajulus.*

Long. 18 millim. Tête ponctuée, sillonnée; antennes de onze articles, naissant de l'échancrure des yeux, moins longues que le corps; prothorax ponctué, arrondi, avec deux tubercules lisses; écusson arrondi; élytres flexibles, ponctuées; cuisses en massue; la tête, le prothorax et une bande à la base des élytres couverts de poils gris; dessous brun, pubescent. — Dans les bois et les chantiers. R.

Genre VIII. — PLATYNOTE arqué. *Platynotus arcuatus.*

Long. 14 millim. Tête ronde; antennes de onze articles, naissant de l'échancrure des yeux, moins longues que le corps et épaisses; prothorax sans épines, aussi large que les élytres, corps convexe; pieds allongés et robustes; antennes et pattes fauves; trois petites bandes jaunes sur la tête, deux sur le prothorax; les élytres ont des points à la base, trois bandes arquées et l'extrémité jaunes; écusson arrondi et jaune; quelques taches à la poitrine et le bord des anneaux jaunes; le reste noir; velouté en dessus. C. C. C.

GENRE IX. — CLYTE. *Clytus.*

Caractères du genre précédent; mais les cuisses postérieures un peu renflées, et le prothorax globuleux ou oblong.

1. Clyte floral. *Floralis.* Long. 13 millim. Corps cylindrique; prothorax globuleux; antennes et pattes ferrugineuses; corps et une tache sur les cuisses noirs; des taches sur la tête, deux bandes sur le prothorax, l'écusson, cinq bandes sur les élytres, dont la seconde et la troisième arquées en sens contraire, la poitrine et le bord des anneaux jaunes. C. C. C.

2. Clyte tropique. *Tropicus.* Long. 15 millim. Prothorax globuleux, noir; le jaune forme deux taches sur la tête, quatre points sur le prothorax, un point à l'extrémité de l'écusson, une tache à l'épaule, deux bandes arquées en sens contraire sur le milieu des élytres et une bordure terminale, de plus des taches à la poitrine; pieds et antennes rougeâtres. C.

3. Clyte bélier. *Arietis.* Long. 9 à 14 millim. Noir; antennes et pattes ferrugineuses; le jaune forme deux taches sur la tête, deux lignes sur le prothorax, une tache sur l'écusson, sur les élytres trois bandes, dont la seconde arquée vers le devant, et des anneaux sous l'abdomen; le jaune peut pâlir jusqu'au blanchâtre. C. C. C.

4. Clyte de la Molène. *Verbasci.* Long. 12 millim. Prothorax globuleux; les antennes, les yeux, trois taches sur le prothorax et trois sur chaque élytre, noirs; le reste verdâtre. C. C. C

5. Clyte quatre points. *Quadripunctatus.* Long. 14 millim. Dessus vert jaunâtre; élytres marquées chacune de quatre points noirs, dont deux en travers à la base, un au milieu, le troisième vers le bout; dessous noir, couvert d'un duvet gris verdâtre moins épais que dessus. C.

Genre X. — ANAGLYPTE mystique. *Anaglyptus mysticus.*

Long. 12 millim Antennes de la longueur du corps, naissant de l'échancrure des yeux, qui est un peu profonde; tête ponctuée, ainsi que le prothorax, qui est allongé, convexe et velu; écusson triangulaire; élytres convexes. pointillées, velues; avec une bosse près de la suture; cuisses en massue; noir, avec un duvet gris; élytres marron, avec trois lignes courbes et l'extrémité blanchâtre; des points rougeâtres sur les flancs. C.C.C.

Genre XI.— MOLORQUE des ombellifères. *Molorchus ombellatorum.*

Long. 9 millim. Tête inclinée, ponctuée, sillonnée; antennes de douze articles dans le mâle, et dépassant le corps; de onze articles et plus courtes dans la femelle, naissant toujours de l'échancrure des yeux; prothorax étroit, allongé, inégal, ponctué; écusson en triangle; élytres très courtes, couvrant au plus la moitié de l'abdomen; pattes longues; cuisses en massue; antennes et pattes brunes, élytres roussâtres, corps noir et velu. — Sur les ombellifères. C.C.

2. Molorque mineur. *Minor.* Long. 8 millim. Corps noirâtre; extrémité de l'abdomen d'un blanc d'argent; une petite ligne oblique blanche vers le bout des élytres. — Sur les ombellifères. C.

Genre XII. — NÉCYDALE majeur. *Necydalis major.*

Long. 28 millim. Tête assez large, sillonnée; antennes de onze articles dans le mâle, de douze dans la femelle, dépassant la moitié du corps, naissant de l'échancrure des yeux, prothorax allongé, inégal, sillonné, ponctué, velu; écusson triangulaire, velu; élytres larges, couvrant à peine le quart des ailes; abdomen long, recourbé; pattes longues, surtout les dernières; cuisses en massue; corps noir; antennes, élytres et pattes fauves. — Sur les saules. C.C.

Genre XIII. — STÉNOPTÈRE fauve. *Stenopterus rufus.*

Long. 12 millim. Tête ponctuée, velue; antennes de onze articles, moins longues que le corps; naissant de l'échancrure des yeux ; prothorax tuberculeux, tacheté de poils dorés ; écusson aussi velu ; élytres rétrécies au milieu, terminées en pointe. ouvertes, marquées d'une côte ; cuisses en massue ; corps noir, velu ; antennes, élytres et cuisses postérieures fauves ; poitrine et flancs tachetés de blanc. — Sur les ombellifères. C. C. C.

GENRE XIV. — DORCADION fuligineux. *Dorcadion fuliginator*.

Long. 16 millim. Tête échancrée, ponctuée ; antennes de onze articles dépassant la moitié du corps, naissant de l'échancrure des yeux ; prothorax convexe, ponctué, muni d'un tubercule épineux de chaque côté ; écusson en demi-cercle ; élytres convexes, presque soudées, sans ailes ; jambes intermédiaires armées d'une épine ou échancrées ; corps noir ; élytres brunes, veloutées, avec la bordure, deux lignes, quelquefois trois, blanches.—Sur la terre. C. C. C.

GENRE XV.—MORIME LUGUBRE. *Morimus lugubris*.

Long. 28 millim. Tête rugueuse ; antennes de onze articles, dépassant le corps ; prothorax convexe, rugueux, sillonné, armé d'une épine latérale, et bordé de poils jaunes ; écusson en demi-cercle ; élytres peu convexes, chagrinées, sans ailes ; une dent aux jambes intermédiaires ; corps noir, couvert d'un léger duvet ; deux taches en demi-lune d'un noir marron sur chaque élytre.

GENRE XVI. — LAMIE textor. *Lamia textor*.

Long. 25 millim. Tête ponctuée, sillonnée ; antennes de onze articles, moins longues que le corps, naissant de l'échancrure des yeux ; prothorax convexe, rugueux, sillonné, armé d'un tubercule épineux de chaque côté ; écusson en demi-cercle ; élytres convexes, chagrinées ; jambes intermédiaires armées d'une dent émoussée ; corps tout noir, avec un léger duvet roussâtre.—Au pied des saules. C. C. C.

GENRE XVII.—POGONOCHÈRE hispide. *Pogonocherus hispidus*.

Long. 8 millim. Tête ponctuée, sillonnée, antennes de onze articles, ciliées, dépassant le corps. naissant de l'échancrure des yeux ; prothorax ponctué, tuberculeux en dessus, avec une épine latérale ; écusson petit ; élytres épineuses aux épaules et au bout de la suture, rétrécies en arrière, et ornées de trois lignes élevées ; le quatrième article des antennes blanc, les autres ferrugineux, comme les pieds ; dessus couvert d'un duvet gris et roux par taches ; dessous plus roussâtre. R.

GENRE XVIII. — MÉSOSE. *Mesosa.*

Tête creusée entre les antennes, qui ont onze articles, sont ciliées, égalent au moins le corps et naissent d'une échancrure très profonde des yeux ; prothorax sans épines ; élytres larges ; jambes fortes.

1. Mésose curculionoïde. *Curculionoïdes.* Long. 15 millim. Tête ponctuée ; prothorax cylindrique, ponctué, avec une fossette au milieu ; écusson arrondi ; élytres larges et longues, chagrinées, convexes ; quatre taches sur le prothorax et deux sur les élytres ocellées noires à iris jaune ; corps noir, couvert d'un duvet gris jaunâtre formant des taches ondulées.

2. Mésose nuée. *Nebulosa.* Long. 12 millim. Semblable au précédent ; cuisses renflées ; quatre raies noires sur le prothorax avec le fond fauve ; une tache cendrée et des points ferrugineux sur les élytres, qui sont nuées de brun ; antennes et pieds annelés de brun et de gris ; corps couvert d'un duvet grisâtre.—Sur le saule.

GENRE XIX.—AGAPANTHIE du chardon. *Agapanthia cardui.*

Long. 14 millim. Tête chagrinée, creusée au milieu ; antennes ciliées, de douze articles, plus longues que le corps, naissant d'une profonde échancrure des yeux ; prothorax large, convexe, ponctué ; écusson en demi-cercle ; élytres ponctuées, rétrécies en arrière ; les quatre dernières jambes courbes ; des poils jaunes sous le corps, sur la tête et l'écusson, formant trois bandes sur le prothorax et des faisceaux sur les élytres ; antennes annelées de noir et de gris ; corps noir. — Sur les chardons. C. C.

GENRE XX. — COMPSIDIE du peuplier. *Compsidia populnea.*

Long. 12 millim. Tête pointillée, sillonnée ; antennes de onze articles, égalant le corps, naissant de l'échancrure des yeux ;

prothorax convexe, chagriné ; élytres rétrécies en arrière,
convexes, ponctuées ; antennes annelées de gris et de noir ;
des poils jaunes sous le corps, sur la tête, formant trois lignes
sur le prothorax et cinq points en ligne sur chaque élytre ; le
reste noir, velu.— Sur les peupliers. C. C.

GENRE XXI. — ANOERÉE carcharias. *Anœrea carcharias.*

Long. 29 millim. Élytres un peu déprimées en dessus et terminées par une pointe ; du reste réunissant les caractères du
genre précédent. Antennes annelées de gris et de noir ; corps
noir, couvert d'un duvet cendré jaunâtre, qui laisse voir la
ponctuation noire ; pattes cendrées, velues. — Sur le peuplier. C. C. C.

GENRE XXII. — SAPERDE porte-échelle. *Saperda scalaris.*

Long. 16 millim. Caractères des précédens, mais les élytres
obtuses à l'extrémité ; corps noir, revêtu d'un duvet jaune-verdâtre ; antennes annelées de noir et de cendré ; des poils jaunes sur la tête ; yeux noirs, milieu du prothorax, suture des
élytres dentée et des points sur leur disque, également noirs ;
le reste jaune-verdâtre. R.

GENRE XXIII. — OBÉRÉE. *Oberea.*

Antennes moindres que le corps ; élytres linéaires, allongées ; les autres caractères du précédent.

1. Obérée oculée. *Oculata.* Long. 15 millim. Les cuisses un
peu renflées ; antennes et tête noires ; élytres noir-grisâtre ; le
reste du corps et la bordure des élytres jaunes ; deux points
noirs sur le prothorax. — Dans les bois. R.

2. Obérée linéaire. *Linearis.* Long. 12 millim. Pointillée dessus, cylindrique ; palpes, pattes et quelquefois la bordure des
élytres jaunes ; le reste noir. — Sur le coudrier. R.

GENRE XXIV. — PHYTOECIE. *Phytœcia.*

Caractères des précédens, mais avec les élytres rétrécies vers
le bout, et le dessus du corps pointillé.

1. Phytœcie cylindrique. *Cylindrica.* Long. 11 millim. Une

ligne élevée sur les élytres; noir ardoisé dessus; dessous gris foncé; velue partout. C.

2. Phytœcie verdâtre. *Virescens*. Long. 11 millim. Une ligne élevée sur les élytres; noirâtre; couverte d'un duvet verdâtre cendré dessus, pointillée de noir, avec trois lignes plus pâles sur le prothorax; dessous et pattes d'un verdâtre plus pâle. — Sur la vipérine. C.

2ᵉ Tribu. — **DÉRÉCÉPHALIDES**.

Car. Tête penchée, portée sur un cou rétréci; yeux presque entiers et n'entourant jamais la base des antennes; élytres ordinairement rétrécies vers le bout.

GENRE Iᵉʳ. — RHAMNUSIE du saule. *Rhamnusium salicis*.

Long. 23 millim. Tête ponctuée; yeux peu échancrés; antennes de onze articles, dentées en scie chez le mâle, dépassant la moitié du corps; prothorax sillonné en long et en travers, avec un tubercule latéral obtus; écusson en demi-cercle; élytres convexes et rugueuses; yeux, base des antennes et poitrine noirs; écusson et élytres d'un bleu violet; le reste rouge fauve. Les élytres sont parfois rouges. — Sur le marronnier d'Inde et autres arbres. C.

GENRE II. — RHAGIE. *Rhagium*.

Antennes ne dépassant guère la moitié du corps, de onze articles, dont le premier plus long; yeux presque ronds; tubercules du prothorax épineux; écusson triangulaire.

1. Rhagie mordante. *Mordax*. Long. 25 millim. Dessus ponctué; tête et prothorax sillonnés; deux lignes élevées sur les élytres; corps noir, revêtu d'un duvet jaune cendré, avec deux bandes ondées rougeâtres sur les élytres; cuisses pointillées de noir. C.

2. Rhagie inquisiteur. *Inquisitor*. Long. 25 millim. Très voisine de la précédente; duvet, qui couvre tout le corps, gris

6.

jaunâtre ; une tache ovalaire noire, dénudée, entre les deux bandes sinuées des élytres. C.

3. Rhagie chercheuse. *Indigator*. Long. 16 millim. Trois lignes élevées sur les élytres ; deux ou trois bandes sinuées noires , pattes brunes, tarses noirs ; le reste comme dans les précédentes. C.

Genre III. TOXOTE de midi. *Toxotus meridianus*.

Long. 23 millim. Tête rétrécie en arrière en forme de cou, sillonnée. ponctuée ; yeux assez échancrés ; antennes portées sur un petit tubercule, de onze articles, dont le quatrième très-court, égalant le corps ; prothorax sillonné en long et en large, ponctué et muni aux côtés d'un tubercule un peu pointu ; écusson arrondi en arrière ; élytres relevées aux épaules, rétrécies, ridées : corps noirâtre ; base des antennes et des élytres, ventre et pieds ferrugineux ; un duvet soyeux répandu partout. C.C.

Variété 1. *Chrysogastre*. Noir ; base des antennes, des cuisses et des pattes ferrugineuse : tête et prothorax soyeux dorés.

Variété 2. *Lisse*. Noir, une partie des antennes, des pieds, du ventre testacée ; tête et prothorax jaunâtres dorés ; élytres noires ardoisées.

Variété 3. *Genouillé*. Noir ; mais les élytres et la majeure partie des pieds, des antennes et du ventre testacées, tête et prothorax gris jaunâtres.

Variété 4. *Soyeux*. Semblable à l'espèce avec tout le dessus soyeux.

Genre IV. — PACHYTE à collier. *Pachyta collaris*.

Long. 9 millim. Tête petite, arrondie ; yeux presque ronds ; quatrième article des antennes très-long ; prothorax globuleux et luisant ; écusson en triangle ; élytres fortement pointillées, un peu rétrécies à la base ; pieds alongés ; tête, antennes, poitrine et écusson noirs ; élytres d'un violet noirâtre ; prothorax et abdomen rouges. — Sur les fleurs. C. C.

1. Pachyte à dix points. *Decempunctata*. Long. 11 millim. Toute couverte d'un duvet doré ; corps noir ; élytres jaunes avec trois points, qui se réunissent souvent, et deux taches noires.

GENRE V. — STRANGALIE. *Strangalia.*

Antennes de onze articles, de la longueur du corps; prothorax épineux aux angles postérieurs; élytres rétrécies au bout, et pointues; pieds longs.

1. Strangalie dorée. *Aurulenta.* Long. 16 millim. Tête pointillée, sillonnée, inégale; yeux assez échancrés, n'entourant pas la base des antennes; prothorax arqué, sillonné, élytres relevées à la base, pointillées; corps noir; bords antérieur et postérieur du prothorax dorés; élytres testacées, avec quatre bandes noires; base des cuisses noire, pattes brunes. C.

2. Strangalie villageoise. *Villica.* Long. 12 millim. Corps ferrugineux; antennes, élytres et poitrine noires; élytres de la femelle fauves. C.

Variété 1, *Bordée de roux;* une tache jaune à la base.

Variété 2. *Labiée.* Antennes, élytres, ventre et jambes ferrugineux.

Variété 3. *A labre roux.* Bouche ferrugineuse; le reste noir.

3. Strangalie noire. *Nigra.* Long. 9 millim. Angles postérieurs dn prothorax très aigus; élytres pointillées; velue en dessous; noire; abdomen rouge terminé de noir. C. C.

4. Strangalie âtre. *Atra.* Long. 12 millim. Noire pubescente; élytres échancrées obliquement au bout. C.

5. Strangalie mélanure. *Melanura.* Long. 9. millim. Toute noire; élytres testacées avec la suture et le bout noirs. C. C.

6. Strangalie porte-croix. *Cruciata.* Long. 10 millim. Noire; élytres rouges, avec la suture, une bande au milieu, et le bout noirs; milieu de l'abdomen rouge. — Sur les fleurs. C. C.

7. Strangalie éperonnée. *Calcarata.* Long. 15 millim. Antennes annelées de noir et de fauve, prothorax armé d'un petit tubercule de chaque côté, couvert d'un duvet jaunâtre; corps noir; élytres testacées, avec quatre bandes noires, dont la première formée par cinq petits points; les quatre pattes antérieures et la base des cuisses postérieures testacées. — Sur les ronces. C. C.

8. Strangalie atténuée. *Attenuata.* Long. 15 millim. Noire; élytres fauves, avec quatre bandes noires; deux ou trois an-

neaux de l'abdomen fauves, ainsi que les pattes, mais les tarses et les cuisses postérieures noirs. C. C.

GENRE VI. — LEPTURE. *Leptura.*

Caractères du genre précédent; mais les angles postérieurs du prothorax sont obtus.

1. Lepture cotonneuse. *Tomentosa.* Long. 13 millim. Tête rétrécie en arrière, sillonnée, ponctuée, yeux peu échancrés; prothorax convexe, arrondi aux côtés, ponctué, sillonné; écusson en triangle; élytres rétrécies, pointillées; noire; élytres testacées, noires au bout; le corps velu, mais surtout le prothorax. C. C. C.

2. Lepture livide, *livida.* Long. 9 millim. Toute noire; élytres testacées. C. C.

GENRE VII.—ANOPLODÈRE sexguttée. *Anoplodera sexguttata.*

Long. 10 millim. Tête rétrécie en arrière, chagrinée, prothorax à angles obtus, ponctué; écusson en triangle; élytres ponctuées; noire, avec trois taches fauves sur chaque élytre.

GENRE VIII. — GRAMMOPTÈRE brûlée. *Grammoptera præusta.*

Long. 9 millim. Tête ponctuée, sillonnée, brusquement rétrécie en arrière, yeux peu échancrés; antennes dépassant le milieu du corps; prothorax convexe, armé d'une épine aux angles postérieurs; écusson en triangle; élytres relevées à la base, rétrécies en arrière, et pointillées au bout; corps noir, couvert d'un duvet doré; base des antennes et pattes fauves; tarses noirs; élytres pâles, avec le bout noir. C. C.

4ᵉ Famille. — EUPODES.

Car. Tête ordinaire, sans bec ni trompe; yeux ronds; antennes filiformes, à premier article plus gros; prothorax étroit et cylindrique; les trois premiers articles des tarses garnis de brosses.

GENRE Ier. DONACIE. *Donacia*.

Tête assez étroite, inclinée; yeux globuleux; antennes de onze articles presque égaux, moins longues que le corps; prothorax cylindrique; écusson en triangle; élytres égalant l'abdomen, qui est presque triangulaire; cuisses postérieures grandes et renflées, dentées dans quelques espèces. — Les donacies vivent sur les plantes aquatiques.

1. Donacie crassipède. *Crassipes*. Long. 22 millim. Un sillon sur la tête; prothorax pointillé, sillonné, portant deux petits tubercules; élytres ponctuées, striées; cuisses postérieures unidentées; dessous soyeux; yeux et bout des antennes noirs; corps vert doré brillant. — C.

2. Donacie rayée. *Vittata*. Long. 15 millim. Élytres ornées de stries ponctuées; cuisses postérieures unidentées; antennes noires; dessus vert doré avec une ligne d'un rouge cuivreux sur chaque élytre; dessous bronzé, avec un duvet argenté. — C. C. C.

3. Donacie bidentée. *Bidens*. Long. 12 millim. Deux dents aux cuisses postérieures; verte, avec un reflet violet près de la suture. — C.

4. Donacie mucronée. *Mucronata*. Long. 13 millim. Une petite épine à l'extrémité de chaque élytre; noire; prothorax et élytres jaune pâle.

5. Donacie noire. *Nigra*. Long. 15 millim. Élytres un peu déprimées, marquées de stries ponctuées; cuisses dentées, noire; antennes et pattes fauves. — C. C.

GENRE II. — CRIOCÈRE. *Crioceris*.

Tête assez large, inclinée, rétrécie en forme de cou; yeux échancrés; antennes de onze articles grenus; prothorax cylindrique; écusson petit et arrondi; élytres convexes, égalant l'abdomen qui est presque carré; cuisses peu renflées. — Les criocères vivent sur les liliacées; leurs larves se couvrent de leurs excrémens; en frottant le bout de l'abdomen contre les élytres, ils font entendre un cri particulier.

1. Criocère du lis. *Merdigera*. Long. 9 millim. Prothorax marqué de deux fossettes; élytres ponctuées; noir; prothorax

et élytres rouges, brillans, pâlissant après la mort. — Sur le lis. C. C. C.

2. Criocère brun. *Brunnea*. Long. 9 millim. Corps ferrugineux; yeux, antennes et la base de l'abdomen noirs. — R R.

3. Criocère douze-points. *Duodecim-punctata* Long. 8 millim. Des stries ponctuées sur les élytres; les yeux, les flancs, le bout des jambes et les tarses noirs; le reste rouge, avec six points noirs sur chaque élytre. — Sur l'asperge. C. C. C.

4. Criocère de l'asperge. *Asparagi.* Long. 8 millim. Corps bleu; prothorax rouge, avec deux points noirs; élytres jaunes, avec la suture et quatre taches noir bleuâtre; tête et antennes noires. — Sur l'asperge. C. C. C.

5e Famille. — CYCLIQUES.

Car. Tête ordinaire, sans trompe ni museau; yeux arrondis; antennes filiformes ou légèrement grossies au bout; corps ordinairement arrondi; des brosses de poils sous les trois premiers articles des tarses. Les cycliques sont la plupart petits, ils se laissent tomber comme morts, dès qu'on veut les prendre; ils vivent sur les végétaux.

GENRE Ier. — CASSIDE. *Cassida.*

Tête très petite, cachée sous le prothorax; yeux ovales; antennes de onze articles, grossissant vers le bout, plus longues que le prothorax; celui-ci plus large que le corps; écusson triangulaire; élytres très larges; pattes courtes.

1. Casside verte. *Viridis.* Long. 9 millim. Corps convexe; des stries ponctuées sur les élytres; vert-pomme dessus; noir dessous; pattes pâles. — C. C. C.

2. Casside panachée. *Varia.* Long. 9 millim. Des stries ponctuées sur les élytres; dessus vert, qui devient rougeâtre en

vieillissant; quatre points noirs sur les élytres; antennes, pattes et dessous très noirs. — C. C.

3. Casside marquée. *Vibex*. Long. 8 millim. Des stries ponctuées sur les élytres; prothorax rougeâtre; élytres vertes, ponctuées de noir; dessous noir; pattes fauves. — Sur les chardons. C. C.

4. Casside nébuleuse. *Nebulosa*. Long. 8 millim. Des stries ponctuées sur les élytres; dessus jaune roussâtre, ponctué de noir; dessous et antennes noirs; pattes jaunâtres. — Sur les chardons. C. C.

5. Casside noble. *Nobilis*. Long. 5 millim. Oblongue; des stries ponctuées sur les élytres; vert jaunâtre en dessus, avec une ligne dorée qui devient jaune après la mort; dessous noir; antennes et pattes jaunâtres. — Sur les chardons. C. C.

GENRE II. — CLYTHRE. *Clythra*.

Tête assez large, en partie cachée sous le prothorax; yeux ronds; antennes de onze articles, en scie; prothorax large, rebordé; écusson triangulaire; élytres dures, convexes, égalant l'abdomen; corps cylindrique et court.

1. Clythre tridentée. *Tridentata*. Long. 11 millim. Élytres dépassant le prothorax, qui est tridenté en arrière; pattes antérieures des mâles très longues et arquées; élytres pointillées, jaune pâle; le reste noir bleuâtre. — Sur les fleurs. C.

2. Clythre longimane. *Longimana*. Long. 9 millim. Élytres pointillées; jambes antérieures longues et arquées; cuisses enflées, unidentées; antennes noir bleuâtre; élytres jaunâtres; le reste verdâtre bronzé. — Sur les fleurs. C.

3. Clythre quadriponctuée. *Quadripunctata*. Long. 11 millim. Deux articles des antennes et les élytres roux, avec deux taches noires; le reste noir; dessous pubescent. — C. C.

GENRE III. — GRIBOURI. *Cryptocephalus*.

Tête inclinée, aplatie, enfoncée dans le prothorax; yeux échancrés; antennes de onze articles cylindriques, de la longueur du corps; prothorax arrondi, convexe; écusson triangulaire; élytres dures, convexes, égalant l'abdomen; corps cylindrique; pattes assez longues; cuisses un peu renflées. — Les gribouris sont petits, vivent sur les végétaux, et tombent comme morts, dès qu'on les touche.

1.Gribouri soyeux. *Sericeus.* Long. 9 millim. Dessus pointillé; corps vert doré; antennes noires; cuisses vertes; jambes et tarses bronzés. — Sur le saule. C. C. C.

2. Gribouri six-points. *Sex-punctatus.* Long. 7 millim. Base des antennes un point sur la tête, les côtés et deux lignes sur le prothorax, les élytres et les bouts des cuisses jaunes ou fauves; la tête, le milieu et deux points sur le prothorax, la bordure des élytres et le dessous noirs. — C. C.

3. Gribouri huit-taches. *Octo-guttatus.* Long. 7 millim. Des stries ponctuées sur les élytres; base des antennes et pattes fauves; une tache sur la tête, quatre sur les élytres, jaunes; le reste noir. — C. C.

G*enre* IV. — EUMOLPE. *Eumolpus.*

Tête presque verticale; derniers articles des antennes aplatis en triangle; corps ovoïde; les autres caractères du précédent.

1. Eumolpe précieux. *Preciosus.* Long. 10 millim. Dessus finement pointillé; bleu; antennes noires; jambes et tarses noirâtres. — Sur l'aulne. C. C.

2. Eumolpe de la vigne. *Vitis.* Long. 6 millim. Pubescent; pointillé dessus; base des antennes fauve; élytres rouges; le reste du corps noir. — Sur la vigne, dont il ronge les feuilles, les fleurs, et parfois les raisins. C. C. C.

G*enre* V. — CHRYSOMÈLE. *Chrysomela.*

Tête petite, arrondie, inclinée, en partie enfoncée sous le prothorax; yeux allongés; antennes de onze articles moniliformes, un peu plus longues que le prothorax, qui est large, rebordé; écusson triangulaire; élytres convexes, égalant l'abdomen; des brosses sous les tarses, dont le troisième est bifide; corps ovale, convexe dessus, aplati en dessous.

1. Chrysomèle ténébrion. *Tenebricosa.* Long. 7 à 18 millim. Le mâle est plus grand que la femelle; tête marquée d'un enfoncement en forme de V; prothorax échancré en devant, cha-

griné, ainsi que les élytres qui sont plus larges que l'abdomen et soudées ensemble; pas d'ailes; noire, un peu violette. — Sur la terre et sur l'herbe. C. C. C.

2. Chrysomèle du gramen. *Graminis.* Long. 10 millim. Le mâle plus petit que la femelle; prothorax et élytres pointillés, rebordés, convexes; toute bleuâtre ou verdâtre brillant; ailes rouges. — Sur le gazon. C. C. C.

3. Chrysomèle hémoptère. *Hæmoptera.* Long. 8 millim. Pointillée, convexe; antennes noires, avec la base violette; corps violet ou verdâtre bronzé; dessous de l'abdomen, aîles et poils des tarses rougeâtres. C. C.

4. Chrysomèle de la centaurée. *Centaurei.* Long. 8 millim. Prothorax presque lisse, bordé; élytres pointillées; antennes noires; dessus cuivreux brillant; dessous vert bronzé; poils des tarses jaunes. — Sur la centaurée. C.

5. Chrysomèle du peuplier. *Populi.* Long. 11 millim. Une impression latérale sur le prothorax; dessous pointillé; antennes et tarses noirs: corps vert bronzé: élytres rouges, noires au bout. — Sur le saule et le tremble. C. C. C.

6. Chrysomèle lisse. *Polita.* Long. 9 millim. Dessus pointillé: une impression latérale sur le prothorax, le milieu lisse, antennes noires: corps vert bronzé: élytres rougeâtres luisantes. — Sur le saule et le peuplier- C. C.

7. Chrysomèle luride. *Lurida.* Long. 9 millim. Prothorax pointillé: des stries de points sur les élytres: corps et membres noirs; élytres rouges luisantes. — Sur la vigne. C.

8. Chrysomèle fastueuse. *Fastuosa.* Long. 8 millim. Prothorax pointillé; des stries ponctuées sur les élytres; antennes noires; corps vert doré brillant; une tache dorée sur les côtés du prothorax; la suture et une ligne bleue sur les élytres. — Sur les plantes. C. C. C.

9. Chrysomèle bordée. *Limbata.* Long. 11. millim. Une impression latérale sur le prothorax; dessus pointillé; corps et membres noir bleuâtre; élytres bordées de rouge sanguin. C. C. C.

10. Chrysomèle sanguinolente. *Sanguinolenta.* Long. 11 millim. Prothorax lisse au milieu, ponctué sur les côtés et rebordé; ély-

tres pointillées; antennes noires; corps et pattes d'un violet noirâtre; bordure extérieure des élytres et ailes rouges. C. C. C.

11. Chrysomèle marginée. *Marginata*. Long. 9 millim. Prothorax lisse et bordé; des stries ponctuées sur les élytres; corps entier noir bronzé luisant; bordure extérieure des élytres rouge. — Dans les prés. C. C.

Genre VI. — GALÉRUQUE. *Galeruca.*

Tête un peu enfoncée sous le prothorax; yeux ronds; antennes de onze articles, égalant presque le corps; prothorax inégal, un peu convexe; écusson arrondi; élytres recouvrant l'abdomen; corps oblong. — Ces insectes rongent les feuilles des végétaux.

1. Galéruque de la Tanaisie. *Tanaceti.* Long. 11 millim. Dessus pointillé; prothorax raboteux; corps entier noirâtre. — Sur la tanaisie. C. C. C.

2. Galéruque rustique. *Rustica.* Long. 11 millim. Tête et prothorax raboteux; quatre ou cinq lignes élevées sur les élytres; noire. C. C C.

3. Galéruque du nénuphar. *Nymphææ.* Long. 7 millim. Antennes jaunes et noires; tête et élytres jaunâtres; prothorax jaunâtre avec deux taches; dessous brun; abdomen jaunâtre. — Sur les plantes aquatiques. C. C. C.

4. Galéruque de l'orme. *Ulmariensis.* Long. 18 millim. Antennes brunes; tête, prothorax et pattes jaunes; élytres brunes; une tache sur la tête, trois sur le prothorax, une ligne sur les élytres et le dessous du corps noirs. — Sur l'orme. C. C. C.

5. Galéruque de l'aulne. *Alni.* Long. 9 millim. Dessus pointillé; antennes et pattes noires; dessus violet luisant; dessous noir bleuâtre. — Sur l'aulne. C. C. C.

6. Galéruque du saule. *Capreæ.* Long. 9 millim. Élytres pointillées; bout des antennes, tête, des taches sur le prothorax, l'écusson et le dessous noirs; base des antennes, prothorax, élytres et deux anneaux de l'abdomen jaunâtres. — Sur le saule. C. C. C.

4ᵉ Section. — TRIMÈRES.

Car. Trois articles à tous les tarses ; antennes un peu renflées en massue à l'extrémité ; corps arrondi ou ovale. Les trimères sont généralement de petite taille et peu nombreux ; nous n'en décrirons qu'un seul genre.

GENRE UNIQUE. — COCCINELLE. *Coccinella.*

Tête petite, placée dans un échancrure du prothorax ; yeux ovales ; antennes de onze articles, dont le premier plus gros, les derniers en massue triangulaire ; elles égalent la tête, sous les bords de laquelle elles sont cachées pendant le repos ; prothorax large, rebordé, échancré en avant, convexe ; écusson triangulaire ; élytres convexes avec un rebord intérieur qui embrasse l'abdomen ; pattes courtes, corps convexe en dessus, plat en dessous. Les coccinelles sont ordinairement ponctuées de diverses couleurs ; elles vivent sur les végétaux où elles mangent les *Pucerons ;* on les nomme communément *Bêtes à Dieu* ou *Sonne-midi ;* elles salissent d'une liqueur jaune et âcre les doigts qui les saisissent. Les variétés de couleur et de forme ont peu d'importance dans ce genre ; car on les trouve souvent unies ensemble. Voici les plus intéressantes.

1. Coccinelle imponctuée. *Impunctata.* Long. 5 millim. Rougeâtre ; bouche et yeux noirs ; milieu du prothorax et dessous obscurs. C.

2. Coccinelle biponctuée. *Bipunctata.* Long. 5 millim. Noire, deux points sur la tête, les côtés et deux points sur le prothorax, jaunes ; élytres rouges avec un point noir au milieu. C.C.

3. Coccinelle hiéroglyphique. *Hieroglyphica.* Long. 4 millim. Noire dessous ; dessus couvert de taches et de lignes irrégu-

lières noires et jaunes. Elle se trouve par centaines au pied des pommiers pendant l'hiver. C. C. C.

4. Coccinelle cinq-points. *Quinque punctata*. Long. 4 millim. Noire: une tache jaune aux côtés de la tête et du prothorax; élytres rouges marquées de cinq points noirs, dont un sur la suture. C. C.

5. Coccinelle sept-points. *Septem punctata*. Long 4 millim. Noire; deux taches sur la tête, deux sur le prothorax, jaunes; élytres rouges avec sept points noirs, dont un commun. C. C. C.

6. Coccinelle neuf points. *Novem punctata*. Long. 9 millim. Noire; deux taches à la tête, les côtés du prothorax, deux points sur la poitrine, jaunes; élytres rouges avec neuf points noirs, dont un triangulaire commun près de l'écusson. C. C.

7. Coccinelle échiquier. *Conglomerata*. Long. 6 millim. Dessous noir bordé de jaune; dessus jaune; partie postérieure du prothorax, suture et sept taches carrées souvent réunies sur les élytres, noirs. — Sur les fleurs. C. C. C.

8. Coccinelle bipustulée. *Bipustulata*. Long. 5 millim. Noire, luisante; une tache sur chaque élytre et le bout de l'abdomen, rouges. — Sur le saule, C. C. C.

FIN DES COLÉOPTÈRES.

TABLE

DES FAMILLES, TRIBUS, SECTIONS ET GENRES.